내특단의
교과서
전기자동차편

자동차 册, 골든벨이 만들면 다르더라구요!

우리나라에서 31년 동안 '탈것 출판의 전당'이라는 기치를 내걸고 올곧게 자동차 전문도서만을 고집해 온 (주)골든벨에게 감사를 드립니다. 여기에 야심차게 만든 "내 車 달인 교과서"시리즈는 2000만 운전자들과 자동차 마니아들에게 평이한 상식적 수준을 넘어 그 이상을 표현한 걸작이라고 말하고 싶습니다.

· 여성 운전편 여성만을 위한 섬세한 운전 방법
· 자동차 구조편 자동차 안팎을 투명하게 보여주면서 심플하게 설명
· 자동차 정비편 드라이버의 눈높이에서 케어 개념으로 구성
· 전기자동차편 하이브리드 · 전기차의 구조와 기술을 파헤친 기초 가이드북
· 자동차 이해와 수리편 한 눈에 구조와 정비를 열거한 오리엔테이션
· 친환경 그린카편 하이브리드 · 전기자동차 연료전지 자동차 구조와 기술

이제 자동차는 생활용품의 소비재입니다. 집은 없어도 내 차만은 필수인지 오래입니다. 이른바 '움직이는 생활공간'이니까요.
세계 자동차 유수 메이커들은 최고의 안락한 자동차를 만들기 위해 능동식 안전시스템 탑재를 비롯한 지능형 자동차인 '무인자율주행차' 상용화에 혈안이 되어 있습니다.

그러나 인간에게 생노병사가 있듯이 자동차도 예외일 수 없습니다. 기계적 시스템 60%, 전기전자 부품 40%까지 육박하다 보니 '안전 운전과 고장'은 절대지존입니다.
책의 구성면에서 면면히 훑어보니 스마트한 내용, 알맞은 册 사이즈, 인문학을 가미한 예술적 표지, 가독성이 높은 올컬러 본문 디자인, 생생한 일러스트와 사진 등등 어디 하나 예사롭지 않습니다.

車를 좋아하는만큼 册은 좋아하지 않겠지만 자동차 생활인들에게 필수 도서임을 전문가로서 부정하지 않습니다. 감사합니다.

2019. 01

자동차전문칼럼니스트/방송인/대림대학교 자동차과 교수/ 김 필 수

머리말

자동차 역사의 시작에 전기자동차가 있었다 ?

소음이 없고, 배기가스를 배출하지 않으며, 에너지 효율이 높은 전기자동차는 내연기관을 대체할 친환경 기술로서 세계 유명 관심 메이커들은 앞다투어 개발 중이다. 그런데 모터로 달리는 전기자동차가 엔진으로 달리는 가솔린 자동차보다 먼저 등장했다는 사실을 알고 계시나요?

100여 년 전의 전기자동차는 배터리 용량과 충전의 한계를 벗어나지 못한 채 화석연료 자동차의 저가 공세에 맞물려 자동차 세계의 주역 자리를 내연기관에 내주고 만다. 하지만 환경에 대한 인식 변화와 우수한 기술 발전에 힘입어, 전기자동차는 다시 미래 자동차의 주역 자리를 넘보고 있다.

이 책은 100년 만에 금의환향한 전기자동차를 당신에게 소개하려 한다. 전기자동차란 무엇이며 그 구조와 기술은 어떻게 되어 있는지, 전기자동차를 개발, 보급 중인 자동차 업체들의 현황과 전기자동차로 인해 우리가 누리게 될 차세대 기술들도 엿볼 수 있다. 엔진과 모터를 조합하여 각각의 장점을 살리고 단점을 줄인 하이브리드 자동차도 언급한다.

전기자동차는 오늘날 자동차 역사의 태동과 함께 그 자태를 화려하게 부활함에 직면하고 있다.

그리고 사랑하자!

2019. 01
탈것R&D발전소

차례 Contents

제1장 전기자동차의 기초지식

1. 오래 되었지만 새로운 전기자동차 ----------- 08
2. 초기의 전기자동차는
   왜 가솔린 자동차에 패한 것일까? ----------- 12
3. 전기자동차가 부활한 이유 ----------- 15
4. 시대를 바꾼 2개의 새로운 배터리 ----------- 19
5. 전기자동차는 왜 친환경인가? ----------- 24
6. 컴퓨터의 진보가
   전기자동차를 유리하게 만든다. ----------- 29
7. 무궁무진한 전기자동차의 매력 ----------- 32

Lohner Porsche

La Jamais Contente 호

제2장 전기자동차의 구조와 기술

1. 전기자동차의 제원 및 성능 ----------- 38
2. 전기자동차의 심장부, 모터의 작동 원리 ----- 40
3. 모터의 정류자를 없애자! ----------- 43
4. 희토류의 문제가 전기자동차의 모터를 바꿨다? - 47
5. 전기자동차의 주행거리는 얼마나 늘어날 수 있을까? -- 52
6. 짧아지지 않는 충전 시간 ----------- 55
7. 급속 충전의 표준화 방식 중 하나인 CHAdeMO - 58
8. 전기자동차의 액셀러레이터 페달을 밟으면 어떤 일이
   일어날까? ----------- 60
9. 미래의 전기자동차는? ----------- 64

Contents

제3장 전기자동차의 메이커

1. 현대자동차 ----------------------------- 68
2. 르노 삼성자동차 · CT&T ------------------ 80
3. 기아자동차 ----------------------------- 82
4. 한국GM -------------------------------- 90
5. 토요타 자동차 -------------------------- 92
6. 닛산자동차 ----------------------------- 96
7. 혼다 ---------------------------------- 99
8. 미쓰비시자동차 ------------------------ 102
9. 그 외의 일본 업체 ---------------------- 105
10. 미국 메이커 ------------------------- 110
11. 유럽의 메이커 ------------------------ 114
12. 중국 메이커 ------------------------- 118

제4장 전기자동차의 보급과 관련 비즈니스

1. 자동차 부품 메이커의 세력판도가 바뀐다? ---- 122
2. 핵심 부품인 배터리와 모터는 어디에서 만들까? - 127
3. 전기자동차 시대에 새롭게 성장하는 인프라 산업 -- 130

제5장 전기자동차의 미래

1. 전 세계 자동차 시장은 어느 정도의 규모일까? -- 134
2. 배터리는 교환하지 않아도 괜찮을까? -------- 138
3. 충전 시간의 문제는 어떻게 해결할 수 있을까? -- 141
4. 안정적인 생산과 공급은 가능한 것일까? ------ 144
5. 배터리의 적절한 재활용이 환경부하를 줄인다. -- 146

차례 Contents

제6장 전기자동차 차세대 기술

1. 커패시터 + 와이어리스 충전 ──────── 150
2. 솔라 전기자동차는 가능할까? ──────── 154
3. Drive-by-wire ─────────────── 157
4. 자율 주행 시스템 무인 자동차 ──────── 164
5. Modal Shift와의 연동 ──────────── 169

제7장 하이브리드 자동차의 구조

1. 엔진과 모터의 조합 ───────────── 172
2. 3가지 방식의 하이브리드 자동차 ─────── 175
3. 복합 하이브리드 자동차의 프리우스 ────── 179
4. 하이브리드 자동차의 연비 향상에
   공헌한 앳킨슨 사이클 ──────────── 182
5. 토요타와 혼다의 하이브리드 자동차 비교 ───── 185
6. 하이브리드 자동차는 왜 연비가 좋을까? ────── 190
7. 하이브리드 자동차의 기타 메이커 ──────── 197
8. 전기자동차에 근접한 플러그인 하이브리드 자동차 ── 202

전기자동차의
기초지식

전기자동차(EV ; Electric Vehicle)는
전기 에너지를 동력으로 변환시켜 달리는 자동차이다.
가솔린이나 경유를 연료로 하는 내연기관 자동차에 비하여
에너지의 절약이 가능하므로 앞으로 보급이 기대된다.
왜 전기자동차가 우수한 것인가?
그 이유를 생각해보자.

현대자동차 블루 온 전기자동차

오래 되었지만 새로운
전기자동차

 내연기관 자동차보다 역사가 깊은 전기자동차

내연기관* 자동차를 대체할 미래의 자동차라는 이미지가 강해서일까? 전기자동차는 최근에 발명된 것으로 생각하는 사람이 많은듯하다. 전기자동차의 역사는 1832~1839년에 스코틀랜드의 로버트 앤더슨Robert Anderson이 배터리와 모터를 사용하여 **자동차와 비슷한 물건**을 만든 것이 최초의 기록으로 남아있다.

같은 시기에 네덜란드 등의 나라에서도 전기자동차가 발명되었지만 모두 충전이 불가능한 한번 사용하고 버리는 1차 배터리를 사용했기 때문에 실용적이었다고는 할 수 없다. 그 와중에서도 1840년대에는 실제로 도로를 주행할 수 있는 성능의 전기자동차가 등장하여 마차를 대체할 교통수단으로서 기대를 높였다.

1859년에 프랑스의 가스톤 플랑테Gaston Plante가 **충전해서 재사용이 가능한 배터리**(2차 배터리라고 한다)를 발명함에 따라 6년 후에는 배터리 전원을 사용한 전기자동차가 만들어졌다. 플랑테가 고안해 낸 납배터리는 지금도 자동차용 배터리로서 사용되고 있지만 초기에는 성능이 낮고 충전 용량이 적었을 뿐만 아니라 빨리 열화劣化*되었다. 그러나 1881년에 같은 프랑스 사람인 까뮤 포레Camus Fallet가 개량형의 납배터리를 사용하여 주행거리를 대폭 늘리면서 전기자동차는 번영의 기틀을 구축하게 되었다. 한편, 가솔린 자동차는 1886년 독일에서 탄생한 것이 제1호라고 알려져 있으므로 전기자동차의 역사가 훨씬 오래 되었다.

● 내연기관
내부에서 연료(가솔린, 디젤, LPG 등)를 연소시켜 동력을 얻는 엔진으로 가스 터빈이나 제트 엔진도 포함된다.

●열화란
전기 절연체가 외부적인 영향이나 내부적인 영향에 따라 화학적 및 물리적 성질이 나빠지는 현상.

왜 전기 자동차가 먼저였을까?

 가솔린 엔진 자동차보다 전기자동차가 먼저 만들어진 이유는 무엇일까? 그 당시는 강력한 가솔린 엔진이 없었기 때문이다. 전기 모터(전동기)의 발명이 1832년이었고, 엔진(내연기관)은 1860년대였으므로 약 30년이나 빨랐다.

◀ 1900년의 파리 만국 박람회에 출품되었던 Lohner-Porsche

◀ 시속 100km를 달성한 La Jamais Contente호

가솔린 엔진은 특유의 소음, 진동, 배기가스 등도 매우 열악하였다. 지금과는 달리 거리에서 커다란 소음을 내는 것이 거의 없었던 시대이므로 부릉 부릉 하면서 매연*을 토해내며, 지나가는 가솔린 자동차는 대단히 위화감이 느껴졌을 것이다. 더욱이 초기 자동차는 동력기관이 거의 노출된 상태였다.

이와 같은 이유로 가솔린 자동차와의 최초 경쟁에서 압승을 거둔 전기자동차는 그 후에도 커다란 진화를 거듭하며, 1899년에는 최고시속 100km를 돌파하는 레이스 카race car가 등장하였다. 폭스바겐 및 포르쉐를 낳은 페르디난도 포르쉐 및 발명왕 토머스 에디슨도 1900년대 초까지는 전기자동차의 개발에 매진하고 있을 정도였다.

그 중에서도 포르쉐 박사가 1900년 파리 만국박람회에 출전시킨 전기자동차는 바퀴의 내부에 모터를 삽입시킨 우수한 4륜구동으로서in-wheel motor 스타일은 제쳐두고, 스펙만큼은 지금의 SF영화에 등장시켜도 이상하지 않을 정도로 근대적인 스페셜 카였다.

마차를 대신하는 새로운 이동수단으로서 등장한 전기자동차는 운전이 간단하여 단숨에 보급되면서 19세기 말에는 런던 및 뉴욕과 같은 대도시에서 택시로도 사용되었다. 전기자동차는 한 대의 가격이 비싸 일반인이 살 수 있는 정도가 아니었기 때문에 자가용차로 하고자 하는 생각은 그다지 없었던 것 같다.

● 매연(smoke)
디젤 엔진에서 배출되는 검은색 연기. 디젤 엔진의 매연은 압축된 공기와 연료가 충분히 혼합되지 않아 국부적으로 불완전 연소가 일어났을 때 발생되는 것으로서 부유하는 미립자와 기체로 구성되는 그을음이 혼합된 배출가스. 산소가 부족할 때 발생되기 쉽다.

◆ 초기의 전기자동차 연대표◆

연도	내용
1834년	영국(스코틀랜드)의 로버트 앤더슨(Robert Anderson)이 간단한 전기자동차를 발명
1835년	네덜란드의 Stratingh 교수가 소형 전기자동차를 설계, 어시스턴트인 크리스토퍼 벡커가 제작
1842년	미국의 토마스 다벤포트가 도로를 달릴 수 있는 실용적인 전기자동차를 발명
1865년	프랑스의 가스톤 플랑테가 배터리식 전기자동차를 발명
1866년	독일의 Siemens사가 실용적인 발전기를 개발
1873년	영국(스코틀랜드)의 로버트 데이비슨이 철-아연 배터리(1차 배터리)에 의한 실용적인 전기자동차를 발명
1881년	프랑스의 까뮤 포레가 플랑테의 전기자동차를 개량하여 실용화에 성공
1891년	미국의 윌리엄 모리슨이 6인승 전기자동차를 개발
1897년	런던과 뉴욕에서 전기자동차 택시가 주행
1899년	벨기에의 Camille Jenatzy가 전기식 레이스 카[La Jamais Contente 호]로써 시속 100km의 고속도 기록을 달성.
1900년	미국에서 전기자동차의 생산대수가 4,000대를 돌파, 자동차 전체의 40%를 점유
1909년	미국의 토머스 에디슨이 니켈-알칼리 배터리를 발명, 항속거리 160km인 전기자동차(최고속도 80km)를 개발했지만 실용화는 단념.

2 초기의 전기자동차는 **왜 가솔린 자동차에 패한 것일까?**

Ford가 판매를 시작한 획기적인 자동차

출발점에서 앞장서며, 20세기에 들어와서도 시장을 넓혀가던 전기 자동차였지만, 전성기는 매우 짧았다. 1908년 미국의 포드모터사가 생산한 가솔린 자동차인 T형 포드Ford model T에 의하여 완전히 시장에서 밀려났고, 그 이후로는 교통 역사의 무대에서 사라져버렸다.

포드사의 창업자인 헨리 포드는 원래 에디슨 조명회사에 다니던 건실한 전기 기술자였다. 그러나 Chief engineer가 되면서 생활의 여유가 생기자 개인적으로 내연기관의 실험을 시작하여 1896년경으로부터는 본격적으로 가솔린 자동차의 개발에 매진하였다. 그러면서 몇 개의 제품을 만들어가다가 T형 Ford의 개발을 성공시켰다.

● 베벨 기어
(bevel gear)
원뿔의 표면을 따라 이(齒)를 새긴 톱니바퀴를 조합한 것으로서, 톱니가 직선인 것을 스퍼 베벨 기어, 곡선인 것은 스파이럴 베벨 기어라고 부른다.

스퍼 베벨 기어

스파이럴 베벨 기어

베이커 일렉트로닉

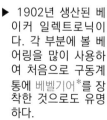

▶ 1902년 생산된 베이커 일렉트로닉이다. 각 부분에 볼 베어링을 많이 사용하여 처음으로 구동계통에 베벨기어*를 장착한 것으로도 유명하다.

12

벨트 컨베이어식의 흐르는 작업에 의하여 대량으로 생산하는 시스템을 적용한 T형 포드의 가격은 1대에 850달러였다. 당시의 전기자동차 가격이 1,500~4,500달러였으니까, 정말로 가격파괴나 다름없었다. 당시 미국 중산층의 연봉이 1,000달러정도였으므로 큰맘을 먹어야 살 수 있는 수준이었다. 당연히 대히트를 치면서 약 20년간에 걸쳐 1,500만대나 생산이 되었다.

T형 포드는 최대 5인승으로 최고시속은 70km, 승용자동차로서 충분한 성능을 가지고 있었다. 또 연비*도 리터당 10~12km로 나쁘지 않았고, 초기의 모델에서도 1회 급유로 90km정도는 달릴 수 있었다. 이것은 교외의 자택으로부터 중심가의 사무실까지 충분히 왕복 가능한 주행거리(항속거리)로서 시장의 요구에 잘 부응한 스펙이라고 말할 수 있다.

뛰어난 마케팅 감각과 세계 최초의 대량생산을 실현시킨 천재 헨리 포드에 대항한 전기자동차 진영은 서서히 그 세력을 잃어버리게 된다. 그 이유는 배터리의 성능이 개선되지 않았기 때문이다.

● 연비
(fuel consumption)
연료 소비. 자동차의 주행에 따라 소비되는 연료의 양

T형 포드

◀ 1909년 생산된 T형 포드이다. 유성기어식 변속기를 장착하여 변속의 번거로움을 경감시켰다. T형 모델부터는 3페달 방식이 채용되었다.

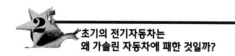

납배터리를 1회의 충전으로 달릴 수 있는 거리는 대략 수km 더욱이 충전에 몇 시간이나 걸리므로 도저히 가솔린 자동차를 이길 수가 없었다.

더욱이 1890년대 이후 가솔린 엔진을 포함한 내연기관은 급격한 진보를 거듭하였다. 그 성과를 단적으로 나타내는 것이 1903년에 최초로 비행에 성공한 라이트 형제의 라이트 플라이어호일 것이다. 인류 최초의 비행기는 동력원으로서 전기 모터가 아닌 12마력HP인 가솔린 엔진을 선택한 것이다. 이 선택은 그 당시의 엔진과 모터의 성능 차이를 여실히 나타내고 있었다.

참고로, 20세기 초에 대표적인 전기자동차 메이커의 하나였던 베이커 사Baker Motor Vehicle Company가 1904년에 생산한 모델과 T형 포드의 스펙을 아래의 표에 병기해 둔다. 그 차이는 정말로 확연하여, 1920년대 이후에 전기자동차는 배달용 및 옥내용과 같은 한정된 용도를 제외하고는 시장에서 자취를 감춰버렸다.

◆ 20세기 초의 전기자동차와 가솔린 자동차의 비교 ◆

구분	베이커(Stanhope type)	T형 Ford
생산 년도	1904년	1908년
출력	1.75HP(1.3kW)	20HP
중량	431kg	545kg
파워 중량비(중량/출력)	246.29kg/HP	27.25kg/HP
최고속도	23km/h(약 40km이상이라는 설도 있다)	약70km/h
가격	1600달러	850달러
승차인 수	2인	5인

3 전기자동차가 부활한 이유

 자동차의 구조를 간단하게 고안하다.

자동차를 달리게 하는 구조에 대하여 정리해보자.

에너지 플랜트 ➡ 파워 플랜트

플랜트라는 것은 설비와 기계 시스템의 일체를 나타내는 용어로 전기자동차의 에너지 플랜트는 배터리 및 제어장치이다. 가솔린 자동차에서는 연료(가솔린) 탱크가 된다. 또 파워 플랜트는 각각 전기 모터와 가솔린 엔진이다.

●전기자동차

배터리 ➡ 전기 모터

●가솔린 자동차

연료(가솔린 탱크) ➡ 가솔린 엔진(내연기관)

한편, 디젤 자동차의 경우는 연료(경유) 탱크와 디젤 엔진의 조합으로 되어 있지만, 내연기관을 파워 플랜트로 한다는 점에서 가솔린 자동차와 같기 때문에 앞으로도 별도로 분리하지 않는 한 가솔린 자동차에 포함하기로 한다.

엔진 자동차라고 하는 명칭이 친숙하지 않기 때문이다.

전기자동차의 단점은 에너지 플랜트 하나 뿐

전기자동차의 파워 플랜트인 전기 모터는 초기의 전기자동차에서도 시속 100km를 돌파한 것을 보면 알 수 있듯이 성능적인 면에서는 가솔린 엔진에 뒤지지 않는다. 또한 에너지 효율이 대단히 높으며, 내연기관처럼 변속기*(트랜스미션, 감속기라고도 한다)가 반드시 필요하지 않으므로 자동차를 간단하게 만들 수 있다.

변속기는 금속의 기어를 조합하여 만들기 때문에 무거울 뿐더러 에너지의 손실도 발생하기 때문에 연비가 악화되는 원인이 된다. 파워 플랜트(동력장치)의 경쟁력은 전기 모터 쪽이 유리한 점이 많다. 그래서 전기계통의 에너지 플랜트에 있어서 기술혁신만 이루어진다면 전세는 한순간에 역전될 가능성도 있다.

● 변속기 (transmission)
트랜스미션은'전달, 전송, 변속장치'의 뜻. 변속기는 엔진의 동력을 자동차의 주행 상태에 알맞도록 회전력과 속도를 바꾸어 구동 바퀴에 전달하는 장치로 수동 변속기(manual transmission)와 자동 변속기(automatic transmission)가 있다.

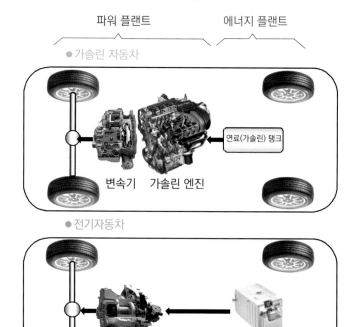

동력 전달기관의▶
차이점

한편, 배터리의 역사를 보면 알 수 있듯이 1859년에 납배터리가 발명되고 1881년에 실용적인 수준으로 개량된 후에 이후 큰 진보는 없었다. 물론 대용량화, 소형화를 목표로 한 배터리는 몇 개인가 발명되었지만, 성능 및 가격적인 측면에서 자동차의 에너지 플랜트에 적용될 수 있는 수준까지는 도달하지 못했던 것이다. 그런 배터리의 역사에 혁명적인 진보를 가져온 것이 바로 1980년대에 들어와 실용화된 니켈수소 배터리와 리튬이온 배터리이다.

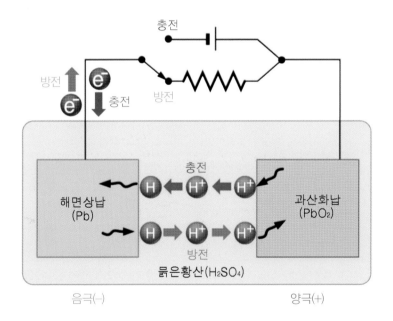

◀ 납배터리의 구조

　(+)전극은 과산화납, (−)전극은 해면상납, 전해질로는 묽은황산을 사용한 간단한 구조로서 저렴한 가격으로 생산이 가능하다. 기전력도 2.1V로서 비교적 높다. 자동차용 배터리에서는 6개의 셀을 직렬로 연결시켜 약 12V의 전압이 나온다.

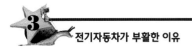

◆ 배터리의 역사 ◆

년도	내 용
1800년	이탈리아의 볼타Alessandro Volta가 세계 최초로 배터리를 발명
1859년	프랑스의 가스톤 플랑테가 납배터리를 발명
1881년	프랑스의 까뮤 포레가 대용량의 납배터리를 생산
1886년	독일의 칼 가스너Carl Gassner가 건전지를 발명
1899년	스웨덴의 발트마 융어(Valdmar Jungner)가 니켈카드뮴 배터리를 발명 미국의 토머스 에디슨이 니켈-철 배터리를 발명
1909년	미국의 토머스 에디슨이 니켈-알칼리 배터리를 발명
1959년	미국의 에버레디 배터리사Eveready battery Company가 알칼리 망간 건전지를 개발
1964년	일본의 마츠시타 전기산업(현 파나소닉)이 알칼리-망간 건전지를 판매
1970년대	미국에서 우주기기용으로 니켈-수소 배터리의 개발을 착수
1979년	미국의 Good enough와 일본의 미즈시마 코우이치水島公一가 리튬이온 배터리 발명
1990년	일본의 마츠시타공업(현 파나소닉)과 산요전기가 니켈수소 배터리의 생산을 개시
1991년	일본의 소니와 아사히가 리튬이온 배터리를 실용화

●니켈-카드뮴 배터리(Ni-Cd 배터리)
대전류의 방전이 가능한 고성능 배터리이지만, 자기방전(사용하지 않아도 전력을 잃어버리는 것)이 많아, 전기자동차에는 부적합하다. 그래서 충전이 가능한 하이브리드 자동차에는 사용되는 경우가 있다. 전기 용량은 니켈수소 배터리의 40%정도.

4 시대를 바꾼 2개의 새로운 배터리

안전성이 높은 니켈수소 배터리

니켈수소 배터리와 리튬이온 배터리는 지금까지의 2차 배터리와 어떤 차이점이 있는 것일까? 니켈수소 배터리는 (+)극에 수산화니켈, (−)극에 수소흡장吸蔵합금*, 전해액으로는 짙은 수산화칼륨 수용액을 사용하는데, 각각의 극에서는 다음과 같은 화학반응을 일으킨다.

● 수소흡장합금
(hydrogen absor
bing alloy)
수소를 가역적으로, 또한 신속하게 흡수하는 일군의 합금. 보통 실온 부근에서 발열을 수반하여 수소를 흡수하고, 가열하면 방출한다.

$$양극 : NiOOH + H_2O + e \rightleftarrows Ni(OH)_2 + OH^-$$
$$음극 : MH + OH^- \rightleftarrows M + H_2O + e-$$

간략히 설명하면 수소흡장합금에 축적된 수소가 전해질 안으로 용해되기 시작할 때 수소이온이 되며, 전자를 방출하기 때문에 전류가 흐르게 되는 것이다. 수소흡장합금은 1,000배 이상의 부피인 수소를 흡장하는 것이 가능하기 때문에 비교적 대량의 전기를 축적시키는 것이 가능하다. 단일 중량당의 충전 가능한 전기 에너지를 표시하는 전기 용량은 비슷한 구조의 니켈카드뮴 배터리에 비하여 약 2.5배나 된다.

같은 시기에 개발이 진행되었던 리튬이온 배터리에 비해 용량이 적어 니켈수소 배터리의 생산량은 2000년 이후 크게 감소하였다. 그러나 그 후 다음과 같은 이유로 인해 다시 주목을 받게 되었다.

· 리튬이온 배터리보다 안전성이 높다.
· 자기방전이 많고 메모리 효과가 있으며, 과방전에 약한 단점을
  제어 시스템으로 관리하면 한결 커버가 가능하게 되었다.

그래서 자동차용 전원으로서도 주목받게 되어 토요타 및 혼다 의 하이브리드 자동차는 전원으로서 니켈수소 배터리를 사용하 고 있다.

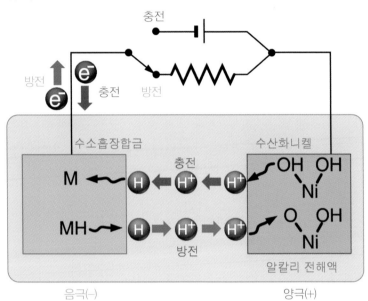

◀ 니켈수소 배터리의 원리

 대용량을 추구하는 리튬이온 배터리

리튬이온 배터리는 경량, 소형, 대용량, 긴 수명이라는 배터리에 요구 되는 다양한 조건을 모두 충족시키는 획기적인 제품으로서 개발되어 왔다. 각 배터리의 성능 비교표를 보면 얼마나 훌륭한 배터리인가 알 게 된다. 니켈수소 배터리와 리튬이온 배터리를 비교해 보면,

- 용량은 약 2배 · 수명도 약 2배 · 자기방전은 약 3분의 1
- 셀 전압이 약 3배이기 때문에 같은 전압의 유닛으로 만들 경우 구조가 간단하게 되어 제조의 원가를 낮출 수 있다(재료비 제외).

이러한 점에서 압승을 거두고 있다. 더욱이 메모리 효과*도 거의 없다. 구조는 리튬이온 배터리의 원리 그림과 같이 되어 있으며, 방전 시의 반응식을 나타내면 다음과 같다.

● 메모리 효과
(memory effect)
방전이 충분하지 않은 상태에서 다시 충전하 면 전지의 실제 용량 이 줄어드는 효과를 말한다.

$$NiCoO_2O \rightleftarrows Li_{1-x}CoO_2 + xLi^+ + xe-$$
$$xLi^+ + xe^- + 6C \rightleftarrows Li_xC_6$$

　장점들이 수도 없이 많은 리튬이온 배터리였기에 한 때는 고성능 전기자동차의 전원으로서는 이것을 빼놓고는 생각할 수도 없다는 분위기였다. 휴대전화 및 디지털 카메라, 노트북 컴퓨터 등의 전원으로서 보급되었고 가격적인 면에서 시장성이 있다는 것이 증명되었던 것이다.

　그런데 리튬이온 배터리의 최대의 단점은 고성능에 있어 '**에너지 밀도가 높다 = 내부에 대량의 에너지가 축적되어 있으므로 발화나 폭발하기 쉽다**'라고 하는 문제를 늘 안고 있다. 실제로, 휴대전화나 디지털 카메라의 배터리가 폭발하여 해당 업체가 제품을 회수했다는 뉴스가 나오기도 한다.

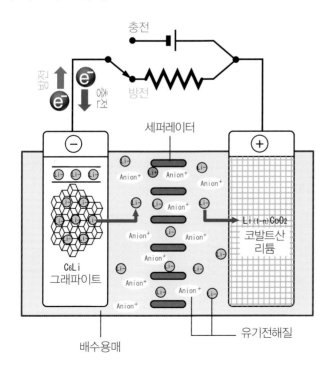

◀ 리튬이온 배터리의 원리

리튬이온 배터리의 과열은 급격한 충·방전을 할 때 일어나기 쉽기 때문에 제어 시스템의 보호 회로에 의해 회피하는 빙법이 확립되어 있다. 휴대폰 정도는 그렇다 쳐도 전기자동차용의 대용량 배터리에서 사고가 일어난다면 위험성이 높아지므로 기술적인 신뢰가 요구된다.

리튬이온 배터리를 안전하게 확실히 충·방전시키려면 항상 내부의 온도와 경우에 따라서는 압력도 체크하여 전압 및 전류량을 조정하여야 한다. 그러나 이런 관계는 배터리의 재료 및 구조 또는 사용 상황 등에 의하여 크게 변하기 때문에 간단히 '온도가 몇 도이니까 전류량을 몇% 줄이면 된다.' 라고는 말 할 수는 없다.

따라서 대기업인 전기자동차 메이커에서는 여러 가지 상황을 시뮬레이션해가며 테스트를 반복하여 독자적인 노하우를 쌓아가고 있다. 그결과, 안전을 확보해가면서 한계선 턱밑까지 성능을 발휘하도록 하고있다. 유감스럽게도 중소 메이커는 그만큼의 투자가 어렵기 때문에 리튬이온 배터리의 취급에 관해서는 도저히 대기업을 이길 수가 없다.

구분	납배터리	니켈수소 배터리	리튬이온 배터리
에너지 밀도 실효값 이론값	약 35Wh/kg 167Wh/kg	약 60Wh/kg 196Wh/kg	약 120Wh/kg 583Wh/kg
에너지 효율	87%	90%	95%
셀 전압	2.1V	1.2V	3.6V
수명(리사이클 수)	2500~4500	1000~2000	2500~3500
자기 방전	1.5%/월	30%/월	10%/월

● 에너지 밀도란 : 배터리 1kg당 축전 가능한 전기 용량
● 에너지 효율이란 : 최대 충전 용량을 100으로 할 때 방전 가능한 전기 용량
● 수명이란 : 1회의 충방전을 1cycle 로 할 때 몇 회나 사용이 가능한지를 나타내는 지표

Column

전기자동차는 구세대와 신세대로
나누어 생각해 볼 필요가 있다.

이제까지의 설명에서 같은 전기자동차라고 해도 구세대(제1세대)와 신세대(제2세대) 사이에는 커다란 차이점이 있음을 알았을 것이다. 비교하기 쉽도록 표로 정리해 두었다. 그리고 용어의 일부는 이 책 안에서 순차적으로 설명해 나가겠다.

◆ 신 · 구세대의 전기자동차 ◆

구분	구세대 전기자동차	신세대 전기자동차
배터리	주로 납배터리	니켈수소 배터리 리튬이온 배터리 등
속도 제어	저항제어	VVVF 인버터 제어
모터	직류 정류기 모터	교류 동기 모터 = 직류(DC) 브러시리스 모터 교류 유도 모터
항속 거리	짧다	길다

일찍이 보급된 전기자동차들도 있다. 예를 들면 지게차나 골프 카트, 백화점 옥상에 설치된 어린이용 장난감 탈 것 등인데 이런 것들은 구세대의 전기자동차로서 앞으로 설명하려는 전기자동차의 특장점을 전부 발휘할 수가 없다. 또한 개인이나 작은 메이커에서 만든 전기자동차도 대부분의 경우는 구식이다.

이처럼 말하는 건 니켈수소 배터리 및 리튬이온 배터리와 같은 고성능 전원을 제어하는 시스템은 어느 정도 연구개발비를 투입할 수 있는 회사가 아니면 완성할 수 없기 때문이다.

구세대와 신세대의 전기자동차는 명확하게 구분해서 생각하는 것이 좋으며, 이 책에서도 지금부터 [전기자동차(또는 EV)]라고 쓰면 신세대 또는 전기자동차의 전반적인 것을 나타낼 것이며, 납배터리 + 직류 모터에 의한 것만을 구세대 전기자동차 혹은 구 타입의 자동차 등으로 구분해서 부르기로 하겠다.

5 전기자동차는 왜 친환경인가?

●전기자동차

❶ 발전(40~50%) ×

❷ 송전(95%) ×

❸ 충전(90%) ×

❹ 모터 및 기계 손실
  (80~90%)
  = 토크의 효율
  (27~38%)

알 것 같지만 알 수 없는 이유

지금 전기자동차의 보급이 기대되는 가장 큰 이유는 환경에 부담이 적기 때문이라고 생각한다. 그런데 왜 그럴까? 정확하게 대답할 수 있는 사람은 의외로 많지 않은 것 같다. 그래서 그 이유를 정리해 보자.

01 에너지 효율이 좋다.

전기 모터는 전기 에너지를 이용하여 '바퀴를 회전시키는' 운동 에너지로 변환한다. 엔진(내연기관)은 가솔린 및 경유 등 화학 에너지를 열에너지로 바꾸고 다시금 운동 에너지로 변환한다.

●전기 모터

| 전기 에너지 | ▶ | 운동 에너지 |

●엔진

| 화학 에너지 | ▶ | 열 에너지 | ▶ | 운동 에너지 |

이 때 최초에 공급된 에너지에 대하여 최종 운동 에너지로서 회수 가능한 비율을 자동차에 있어서의 '에너지 효율'이라고 부른다. 완전히 변환할 수 있다면 100%가 되겠지만 어떤 동력 기관이라도 열을 발생시키기 때문에 그만큼은 손실이 된다.

* 토크 효율 = 발전 X 송전 X 충전 X 모터 및 기계 손실

전기 모터는 변환 효율이 대단히 좋은 동력 기관이며, 작은 기기 등에 사용되는 직류 정류자 모터에서는 최대 85~89%, 전기자동차에 주로 사용되는 교류 동기 모터에서는 95~97%의 에너지 효율을 갖는다.

전기자동차의 경우 모터와 바퀴 사이에 연결되는 동력 전달장치에 의한 기계 손실(기계가 움직이며 발생하는 열 등의 에너지 손실)을 계산에 넣어도 파워 플랜트로서의 에너지 효율은 80~90%라고 알려져 있으며, 대단히 효율이 높은 탈것이라고 말할 수 있다.

한편, 내연기관은 가솔린 엔진의 경우 15~25%, 디젤 엔진이라도 최대 30%정도이며, 더욱이 복잡한 변속기 등에 의해서 20%는 더 손실되므로 자동차의 파워 플랜트로서의 종합 효율은 10~20%(최고인 경우라도 24% 정도라고 알려져 있다)로 상당히 낮다는 것을 알 수 있다.

물론 이것만으로 단순히 [전기자동차는 친환경이다]라고 단정하면 안 된다. 전기를 생산하는 발전에 의한 에너지 효율까지 고려하여야 공평하기 때문이다. 그래서 사회 시스템으로서의 전기자동차와 가솔린 자동차의 차이를 그림으로써 나타냈다.

전력도 '원료'가 되지만 대부분의 원료는 가솔린과 같은 화석연료(대부분은 석탄 및 천연가스)이다. 따라서 원래의 연료가 갖고 있는 에너지를 가급적 유효하게 사용한다면 [친환경] 사회 시스템이 될 수 있는 것이다. 가솔린 자동차의 경우는 엔진에서 발생하는 대량의 열을 유효하게 활용할 수 없다는 것 때문에 전기자동차에 비해서 약 두 배나 환경에 나쁘다고 말할 수 있다.

* 토크 효율 = 석유 정제 X 수송 X 엔진 X 변속기 등 기계 손실

● **가솔린 자동차**

❶ 석유 정제(90%) ×

❷ 수송(98%) ×

❸ 엔진(15~30% ×

❹ 변속기 등 기계 손실
(약 80%)
= 토크의 효율
(10~20%))

02 오염 물질을 관리하기 쉽다.

발전소에서 발전기*를 돌리는 것도, 가솔린 자동차로 달리는 것도 '연료를 태워서 운동 에너지를 획득'한다는 방식에는 변함이 없다. 그런데도 에너지 효율에 큰 차이가 발생하는 것은 발전소의 경우는 기계의 크기나 무게를 개의치 않고 최고의 성능을 추구할 수 있기 때문이다.

발전소는 보일러에서 열을 대부분 회수하여 고온용에서 저온용까지 여러 개의 터빈을 유효하게 돌리며, 전력*을 생산한다. 여기에 비해 전속력으로 달리지 않으면 안 되는 자동차는 에너지 효율을 희생하더라도 간단하고 가벼운 구조를 추구하고 있는 것이다. 물론, 예전에는 가솔린 가격이 매우 저렴해서 연비 따위는 신경 쓰지 않았던 시절도 있었다.

● 발전기
(generator)
기계적 에너지를 전기적 에너지로 변환하는 기기를 말한다.
● 전력
(electric power)
단위시간 동안 전기장치에 공급되는 전기에너지, 또는 단위시간 동안 다른 형태의 에너지로 변환되는 전기에너지를 말한다.

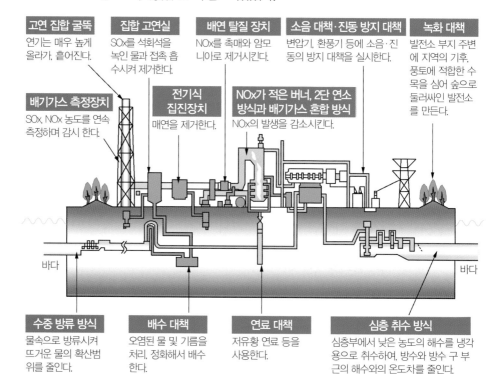

고연 집합 굴뚝
연기는 매우 높게 올라가, 흩어진다.

집합 고연실
SOx를 석회석을 녹인 물과 접촉 흡수시켜 제거한다.

배연 탈질 장치
NOx를 촉매와 암모니아로 제거시킨다.

소음 대책·진동 방지 대책
변압기, 환풍기 등에 소음·진동의 방지 대책을 실시한다.

녹화 대책
발전소 부지 주변에 지역의 기후, 풍토에 적합한 수목을 심어 숲으로 둘러싸인 발전소를 만든다.

배기가스 측정장치
SOx, NOx 농도를 연속 측정하며 감시 한다.

전기식 집진장치
매연을 제거한다.

NOx가 적은 버너, 2단 연소 방식과 배기가스 혼합 방식
NOx의 발생을 감소시킨다.

수중 방류 방식
물속으로 방류시켜 뜨거운 물의 확산범위를 줄인다.

배수 대책
오염된 물 및 기름을 처리, 정화해서 배수한다.

연료 대책
저유황 연료 등을 사용한다.

심층 취수 방식
심층부에서 낮은 농도의 해수를 냉각용으로 취수하여, 방수와 방수 구 부근의 해수와의 온도차를 줄인다.

바다　　　　　　　　　　바다

에너지 변환장치의 거대화가 가능한 발전소에서는 연소에 의해 발생하는 오염 물질 등도 확실하게 회수가 가능하기 때문에 이런 점에서도 유리하다. 화력 발전소를 견학해 보면 알 수 있지만 발전장치와 같은 규모의 커다란 환경장치가 함께 건설되어 유황산화물*(SOx) 및 질소산화물*(NOx), 매연 등을 대기 중으로 배출시키지 않으려 하고 있다. 그렇기 때문에 발전소 주위의 공기도 전혀 오염되지 않는다.

한편, 가솔린 자동차와 디젤 자동차의 환경기술도 상당히 진보되어 각국 정부에 의한 배출가스 처리 장치의 승인을 받은 차종에서는 유해물질이 거의 배출되지 않는다. 기술자 중에는 '내연기관이라도 공해를 제로로 하는 것이 불가능한 것은 아니다'라고 단언하는 사람도 있다.

다만 그것은 어디까지나 그 자동차가 확실히 정비되어 있다는 것을 전제로 성립되는 이야기이다. 그 차가 중고가 되어 해외로 나가거나 십수 년이나 사용하고 있는 상태라면 배출가스 처리 장치가 완전히 정상적인 기능이 이루어지는지에 대해서는 의문이 든다.

발전소는 공해의 발생원이 몇 곳으로 한정되어 있기 때문에 관리하기가 쉬워 유해물질의 배출을 최소한으로 억제하기 때문에 전기자동차 측이 환경 대책으로 유리한 것이다.

03 기술 혁신의 성과를 반영하기 쉽다.

에너지 효율은 변환장치의 기술 혁신에 의해 해마다 높아지고 있다. 예를 들면, 가솔린 자동차라고 해도 10년 전의 차종과 지금의 차종 사이에는 연비에 상당한 차이가 있다. 하지만 지금도 10

● 유황산화물
(sulfur oxides)
일반적으로 황과 산소가 결합한 산화황을 말하지만, 환경공해적 측면으로는 매연 속에 포함된 이산화황(SO_2), 삼산화황(SO_3) 및 황산 미스트를 말한다.

● 질소산화물
(nitrogen oxide)
공기 중에 있는 질소산화물 중 가장 주요한 형태는 일산화질소와 이산화질소이며, 이 둘을 합쳐서 NOx로 표현하기도 한다. 자동차 엔진 등의 내부에서는 매우 높은 온도가 형성되기 때문에 배기가스가 질소산화물로 방출된다.

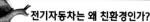

년 전에 생산했던 자동차가 얼마든지 도로 위를 달리고 있다. 특히, 해외의 개발도상국에 가보면 이렇게 오래된 자동차가 아직도 달리냐며 놀랄 정도다. 다시 말해 기술혁신의 효과가 사회에 곧바로 반영되지 않고 있다.

이런 점에서 발전소는 1곳이라도 설비의 성능을 향상시키면 사회 전체에서 에너지 절약에 성공한 것과 같은 효과가 있다. 1980년대 이후는 천연가스를 연료로 가스 터빈과 증기 터빈을 조합한 콤바인드 사이클Combined cycle 발전이라고 하는 방식도 등장했다. 또한 석탄을 연료로 하는 화력 발전에서도 가스화 기술 등에 의하여 효율이 서서히 높아져, 전기자동차의 '연비'는 현재도 계속 높아지고 있다.

04 폐차 후의 처리가 쉽다.

전기자동차는 구조가 간단하기 때문에 가솔린 자동차에 비하여 부품의 가짓수가 반 이하로 되어 있다. 따라서, '해체→분리→리사이클 또는 폐기'의 수순이 간단해지기 때문에 그만큼 환경 부하가 적어질 것으로 기대되고 있다. 또, 가솔린 자동차와 같이 대량의 윤활유를 사용하지 않는 점도 환경에 부담이 적다고 할 수 있다.

단, 이와 같은 장점들을 살리기 위해서는 앞으로 전기자동차가 대량으로 보급된다고 해도 회수가 가능하도록 확실하게 정비해 두어야 한다. 왜냐하면, 주요 부품의 하나인 배터리에는 환경오염 물질이 사용되는 것도 많기 때문이다. 전기자동차를 올바르게 이용하고 제대로 처분한다면 상품의 라이프 사이클life cycle에 따른 환경 부하가 가솔린 자동차보다는 훨씬 낮다. 앞으로 전기자동차가 대중화될 때를 대비하여 올바른 이용 방법을 마음속에 유념하도록 하자.

6 컴퓨터의 진보가 전기자동차를 유리하게 만든다.

자동차의 타이어는 항상 미끄러지고 있다.

 F1 등의 레이싱 운전자는 항상 타이어의 슬립상태를 파악하고 컨트롤하면서 운전한다고 한다. 어떤 상황에서도 자동차의 타이어는 동력을 100% 지면에 전달하는 것이 불가능하다. 수% 혹은 수십%는 슬립(미끄럼)을 발생시키며 공회전을 하게 된다. 레이싱에 참가한 운전자는 슬립을 의식해가면서 운전을 하고 있기 때문에 극한에서의 드라이브가 가능한 것이다.

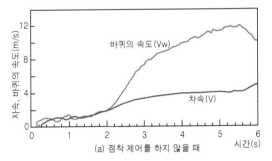

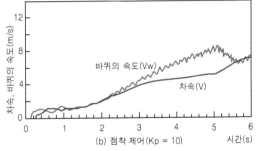

 이 그래프는 점착 제어를 하지 않는 보통의 전기자동차에서 바퀴의 회전으로부터 계산되는 이론상의 속도인 '바퀴의 속도'와 실제의 '차속' 사이에는 주행상황에 따라 이처럼 차이가 난다.

 공회전을 검출해서 토크를 조정하는 점착 제어를 도입하면 그 차이가 거의 나지 않고, 바퀴의 회전수대로 속도가 실현된다. 요컨데, 그만큼 에너지를 낭비하지 않고 달릴 수 있다.

 그런데 이 슬립은 당연히 에너지의 손실이 된다. 따라서 슬립율이 일정 이상이 되면 타이어의 회전을 억제하여 구동력이 확실하게 지면에 전달할 수 있도록 섬세하게 제어하면 자동차의 연비가 훨씬 좋아진다. 또한 아주 적은 타이어의 공전에 대하여 1,000분의 1초 레벨에서 토크(회전력)를 컨트롤하는 점착제어 기술을 사용하면 연비를 배 이상 올리는 것도 가능하다고 한다.

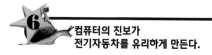
가솔린 자동차에는 불가능했던 제어가 활성화되다.

점착 제어와 같은 정밀한 컨트롤을 가솔린 자동차에서 적용시키는 것은 대단히 어렵다. 자동차를 운전하는 사람이라면 누구라도 알겠지만 엔진의 회전수를 변경하려고 가속페달을 더 깊이 밟거나 느슨하게 할 때 그 명령이 반영되기까지는 아무리 반응이 좋은 자동차라고 해도 사람이 감지할 수 있는 시간이 걸리게 마련이다. 요컨대 '가속페달을 더 밟는다 → 엔진의 회전수가 올라간다'의 사이에 시간차를 느낄 수 있을 정도이다.

전기자동차에 사용되는 교류 동기 모터는 인버터*라고 하는 장치로 주파수*를 컨트롤하면 순간적으로 회전수를 변화시킬 수 있다. 따라서 아무리 높은 고도의 제어라도 도입이 가능하다.

정밀한 동력제어에 따라서 자동차의 연비를 높이는 방법에는 여러 가지가 있다. 예를 들어 네 바퀴 모두의 회전수를 따로 따로 컨트롤 할 수 있다면 커브나 노면의 상황에 맞는 최적의 제어가 가능하겠지만 가솔린 자동차에서는 절대로 불가능한 것이다. 각각의 바퀴에 엔진을 별도로 연결할 수 없을 뿐더러 변속기로로 네 바퀴를 구동한다고 해도 이렇게까지 세세하게 회전수를 제어할 수는 없다. 그러나 전기자동차라면 소형 모터를 바퀴의 휠 안쪽에 장착in-wheel motor시키는 것도 가능하여 완전 제어 에너지 절약형 4WD의 실현이 가능하다.

컴퓨터 기술의 진보는 여러 가지 제어 시스템의 개발로 이어지고 있다. 그러나 그 혜택을 확실히 받을 수 있는 것은 반응성이 좋은 전기자동차뿐이다.

● 인버터 (inverter)
직류 전력을 교류 전력으로 변환하는 장치를 말한다.

● 주파수
(frequency)
주파수는 교류 파형에서 파형과 파형이 각각 1개씩 끝난 상태를 1주파 또는 1사이클이라 하며, 1초 동안에 포함되는 사이클 수를 말한다. 주파수의 기호는 Hz(Hertz)를 사용하며, 일반 가정용의 전기는 1초 동안에 이 변화를 60회 반복하여 와 쪽에 각각 60개의 파형을 그리므로 주파수는 60 또는 60Hz라 한다.

허브

인휠 모터 로터

브레이크 디스크 & 캘리퍼

스테이터 브래킷

인휠 모터 스테이터

로터 브래킷

◀ 인휠 모터의 구조

◀ 인휠 모터의 설치 위치

인휠 모터를 이용함으로써 변속기 및 구동축 등의 구동
계통 부품이 필요 없으므로 자동차 설계의 자유도가 높
아지는 장점이 있다.

미쓰비시 MiEV▶

무궁무진한
전기자동차의 매력

 알 것 같지만 알 수 없는 이유

동력이 변화되는 것뿐만 아니라 자동차의 이미지도 변화한다. 전기자동차의 매력에는 그 외에 또 어떤 것들이 있을까?

01 배기가스를 배출하지 않는다.

전기를 동력으로 변환해 사용하는 전기자동차는 주행 중에 배기가스를 배출하지 않는다. 이것은 아주 중요하다. 가솔린이나 디젤 자동차에 비해 환경 부담이 적기 때문에 대기 순환이 나쁜 대도시나 분지 등에서는 대단히 유효한 교통수단이다.

신선한 공기를 자랑으로 내세우는 스위스의 산악 리조트에서는 '스위스 Car free관광지 공동체'를 결성하여 가솔린이나 디젤 자동차를 타고 들어오는 것을 금지시키고 있을 정도이다. 국내에서도 2011년부터 남산 순환 전기버스가 운행되고 있으며, 최근 울산광역시의 일부 노선버스로 수소전기 버스를 운행하고 있다.

환기가 나쁜 장소에서는 가솔린 자동차의 배기가스가 문제를 일으킨다. 고속도로 등에서 긴 터널을 뚫을 때에는 구조 설계와 병행하여 환기 시스템의 설계가 중요시되고 있다. 그 안에는 제트 엔진과 같이 생긴 거대한 환풍기를 여러 대 설치해 놓은 터널도 있을 정도이다. 하지만 전기자동차만 주행하게 된다면 말할 필요도 없이 환기 설비를 훨씬 간단하게 설치할 수 있으므로 그만큼 에너지 절약이 된다.

◀ 현대 전기 버스

　2010년 1세대 전기버스 개발을 시작으로 약 8년여 동안의 개발 기간을 거친 일렉시티는 256kWh 고용량 리튬이온 폴리머 배터리를 적용해 정속주행 시 1회 충전(72분)으로 최대 319km를 주행할 수 있고, 30분의 단기 충전만으로도 170km 주행이 가능하다.

◀ 현대 수소 전기버스

　수소 전기버스는 모터의 최고 출력이 120KW, 최대 토크는 50.7kgf·m 이다. 256kwh 대용량 고효율의 배터리는 교통의 지체 구간이 많은 노선이나 장거리 운행 노선, 언덕 구간 등의 전기 소모율이 높은 운행 노선에 적합하며, 정속 주행 시 1회 충전으로 최대 319km(73kph 정속 주행 기준)를 주행할 수 있다.

02 소음이 적다.

내연기관은 내부에서 연료가 연소 폭발하는 것뿐만 아니라 구조적으로 접촉 부분이 많은 기관으로 되어있어 아무리 해도 소음과 진동이 많이 발생한다. 그러나 전기자동차에 사용하는 모터는 로터의 베어링 이외에 접촉부가 없기 때문에 발생하는 소리는 매우 억제되어 있다.

전기 주행의 소리가 너무 조용한 탓일까, '**하이브리드 자동차 및 전기자동차는 보행자가 차 소음을 듣지 못해 사고가 일어나기 쉽다**'는 점 때문에 최저 소음에 관한 규정을 만들려는 움직임이 미국 등에서 일어나고 있다. 요컨대 안전을 위하여 일부러 소음 발생장치(가상 엔진 사운드 시스템*)를 의무적으로 부착시키려고 하는 것이다.

이와 같은 사회적인 대응은 별도로 하더라도 기술적으로는 불필요한 소음이 적으면 적을수록 우수한 기계이므로 전기자동차는 역시 가솔린 자동차보다 환경에 긍정적이라고 말할 수 있다.

● 가상 엔진 사운드 시스템(VESS ; Virtual Engine Sound System)

가상 엔진 사운드 시스템은 하이브리드 시스템이 작동할 때 엔진 소리를 발생시킨다. 가상 엔진 사운드는 자동차가 하이브리드 모드로 주행 시 엔진 소리가 없기 때문에 보행자가 자동차의 소리를 들을 수 있도록 하는 시스템이며, 자동차의 속도가 0~20km/h에서 작동한다.

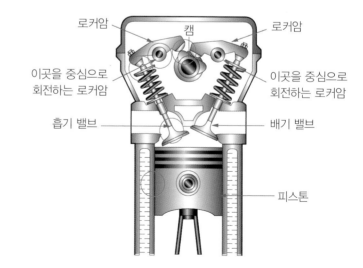

로커암　캠　로커암
이곳을 중심으로 회전하는 로커암　　이곳을 중심으로 회전하는 로커암
흡기 밸브　　배기 밸브
피스톤

내연기관(가솔린 엔진) ▶
동그라미로 둘러싼 부분이 모두 기계적인 접촉부이므로 소음의 원인이 된다.

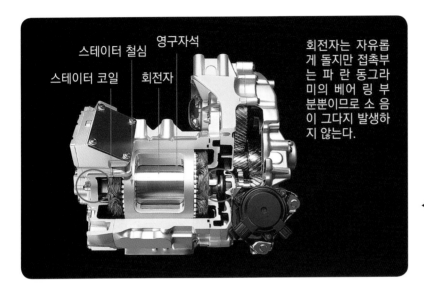

스테이터 철심　　영구자석

스테이터 코일　　회전자

회전자는 자유롭게 돌지만 접촉부는 파란 동그라미의 베어링 부분뿐이므로 소음이 그다지 발생하지 않는다.

◀ 전기 모터
(교류 동기 모터)
엔진과 모터에서의 소음 차이와 구조

03 유지 보수(Maintenance)가 간편하다.

내부에 유기 연료를 넣어 연소(폭발) 라고 하는 반응을 일으키는 가솔린 자동차에서는 아무리해도 오염 물질이나 매연 등이 남아 있어 유지 보수 작업을 하여야 한다. 또 접촉부가 많은 엔진은 정기적인 부품 교환도 필요하다. 그러나 전기자동차는 베어링 부분에 윤활유 정도만 추가하면 되므로 그다지 정비할 필요가 없다. 이런 점에서도 사용하기 편한 자동차인 것이다.

◀ 현대 쏘나타 EV

혼다 리튬이온 배터리 ▶

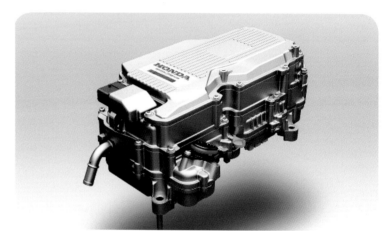

혼다 파워 컨트롤 유닛 ▶

혼다 모터 ▶

전기자동차의 구조와 기술

하이브리드 자동차에 이어서 전기자동차의 양산도 시작되었다.
100년 전의 구세대 전기자동차와는 다르게
지금의 전기자동차는 최첨단 기술의 결정체이다.
그 중 몇 가지를 알아보도록 하자.

전기자동차의 제원 및 성능

내연기관 자동차보다 역사가 깊은 전기자동차

양산 자동차로서 개발, 시판되고 있는 세 종류의 전기자동차인 코나와 리프 및 i-MiEV의 스펙 중 성능을 파악하는 데 필요한 항목을 나열해 보았다. 우선 이 숫자들의 읽는 방법을 설명한다.

◆ 전기자동차의 제원 및 성능표 ◆

구분		코나 (현대자동차)	리프 (닛산자동차)	i-MiEV (미스비시자동차)
제 원	전장(mm)	4,180	4,445	3,395
	전폭(mm)	1,800	1,770	1,475
	전고(mm)	1,570	1,545	1,610
	차량중량(kgf)	1,685	1,520	1,100
	정원 [명]	4	5	4
성능	교류전력 소비량 (Wh/km)	181 (5.5km/kWh)	124	125
	충전주행거리	406km	200Wh/km	160Wh/km
구동용 배터리	종류	리튬이온 폴리머 배터리	리튬이온 배터리	리튬이온 배터리
	총전압(V)	356	360	330
	총전력량(kWh)	64	21	16
원동기	최고출력 (kW) (PS)/rpm	150(204)/11200	80(109)/ 2,730~9,800	47(64)/ 3000~6000
	최대토크(N·m) (kg·m/rpm)	395(40.3)	280(28.6)/ 0~2,730	180(18.4)/ 0~2,000
동력 전달 장치	최종감속비	7.981	7.9377	6.066
	구동방식	전륜구동	전륜구동	후륜구동
	타이어 전	215/55R17	205/56R16	145/65R15
	타이어 후	215/55R17	205/55R16	175/55R15

01 제원

자동차의 크기를 나타내는 숫자로 코나와 리프는 소형 자동차(전장 4700mm 이하), i-MiEV는 경형 자동차(전장 3600mm이하)의 규격을 따랐다는 것을 알 수 있다. 가솔린 자동차에서는 엔진의 배기량이 자동차를 구분하는데 첫 번째의 척도로 1,600cc 미만이라면 소형 자동차, 1,000cc 미만이면 경형 자동차로 간단하게 나눌 수 있지만, 전기 자동차 시대에는 기준이 약간 달라졌다.

02 교류 전력 소비량

가솔린 자동차 등의 연비에 해당하는 부분이지만 전력 소비량(Wh/km)으로 전기자동차의 성능을 판단하기에는 이해하기 어렵다고 생각한다. Wh란 전력량을 나타내는 단위로 [와트 아워]라고 호칭하며, 1와트(W)의 전력으로써 1시간(h)에 하는 일의 양(소비량)이다.

03 충전 주행 거리

풀(Full) 충전했을 때 달릴 수 있는 거리를 말한다. 160~200km라면 일상적인 이용에는 문제가 없겠지만 휴일 장거리 운전이라면 불안을 느끼는 사람이 있을지 모르겠다. 전기자동차의 경우 가솔린 자동차가 주유하는 것에 비해 충전에 시간이 걸리므로 주행 거리는 사실 상 [1일에 달리는 거리]가 된다.

04 구동용 배터리

배터리(축전지)에 충전할 수 있는 전기 용량을 나타내는 숫자이다. 정확하게 말하면 이용할 수 있는 전력량을 뜻한다. 총 전력량의 숫자를 1,000배하여 Wh의 단위로 하고 전력 소비량으로 나눈 것이 충전 주행 거리(주행 거리)가 되지만 전력 소비량과 충전 주행 거리는 실제 측정한 값이므로 조금 다른 것 같다. 운전자로서는 충전 주행 거리만을 확인하면 충분하다.

05 원동기

모터의 성능을 나타내는 숫자이다. 출력(마력)과 토크에 대해서는 제7장 194페이지를 참고하기 바란다.

2 전기자동차의
심장부, 모터의 작동 원리

 ## 모터는 왜 회전할까?

초등학교나 중학교에서 실험한 모형 모터를 떠올려보자. 모터(전동기)에는 여러 가지 종류가 있는데 학교 교육이나 모형 동력에 사용되는 것은 직류 정류자 전동기라고 부른다. 직류(DC) 모터라고 하면 대체로 이 타입을 말한다.

주위에 있는 것이 영구자석이고 보디 측에 고정되어 있어 움직이지 않으므로 고정자*라고 부른다. 그리고 가운데 축을 중심으로 회전하도록 되어 있는 것이 회전자*(로터)이고 전자석*이다. 그러므로 전기가 흐르는 방향을 바꾼다면 N과 S의 방향은 반대가 된다.

(a)의 상태에서 회전자는 오른쪽 위가 S극, 왼쪽 아래가 N극이 되므로 고정자로부터의 자계에 의하여 시계방향으로 기울어진다(b). 그대로라면 수평 상태로 안정되고 말겠지만 그 도중에 회전자 쪽으로의 전류를 끊어서 자력을 없애고 관성에 의해 조금 더 기울어진 곳에서 반대방향으로 전류를 흐르게 하면 N극과 S극이 바뀌게 되므로 반대쪽으로 끌어당겨지며, 계속해서 회전이 되는 것이다(c).

이 [회전자의 회전 위치에 맞추어 전류의 방향을 바꾸는] 것이 정류자*이며, 그림과 같은 구조로 자동 스위치의 책임을 다 하게 만든다. 실제 모터는 회전자가 막대기 모양이 아니라 아래와 같이 끝이 세 갈래로 갈라진 막대 구조로 되어 있는 경우가 많다. 이것은 역회전을 방지하고 원활하게 회전시키기 위함이다 (A), (B), (C).

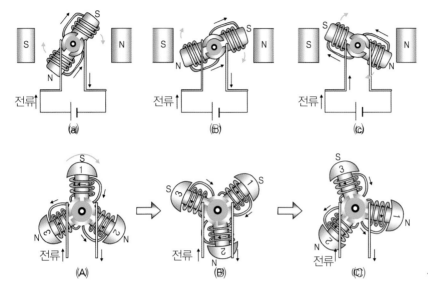

▶ 직류 정류자 전동기

DC 모터의 최대 약점은 정류자

직류 정류자 전동기는 모터의 원형으로서 심플하면서도 뛰어난 구조이기 때문에 현재도 소형 기기로부터 장난감까지 수많은 곳에서 사용되고 있지만 단점도 있다. 그것은 정류자의 존재이다.

정류자는 정류자의 구조 그림과 같이 회전자에 부착되어 회전하는 정류자Commutator와 고정자 쪽에 배치되어 있어 회전하지 않는 브러시*와의 조합으로 구성되어 있다. 따라서 이 사이에는 당연히 극심한 마찰이 발생하며 열도 발생한다. 무엇보다도 정류자와 브러시는 마모되면서 점점 깎여나가게 된다.

일반적으로는 정류자를 단단한 물질로, 브러시는 그것보다 부드러운 물질로 만들어 정기적으로 브러시를 교환하는 방법을 쓰지만 그래도 유지 보수는 번거롭다. 이 때문에 [DC 모터의 **수명은 정류자의 수명**]이라고 말하는 것이다.

● 브러시(brush)
브러시는 정류자에 미끄럼 접촉을 하면서 전기자 코일에 흐르는 전류를 출입시키는 역할을 한다.

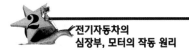

그리고 회전자와 고정자 사이에 베어링 이외의 접촉부가 있다는 것은 에너지의 손실이 되고 고속으로 운전할 때 장애가 된다. 궁극의 에코 카를 목표로 하여 새롭게 개발이 시작된 전기 자동차의 파워 플랜트로서는 문제가 조금 있는 것이다.

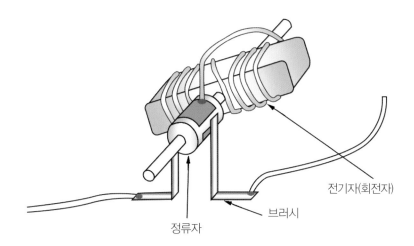

전기자(회전자)

정류자의 구조▶

정류자

브러시

3 모터의
정류자를 없애자!

 ## 역전의 발상에서 나온 브러시리스 모터*

전기자동차는 물론이고 어떤 기기라도 가능하면 모터는 유지 보수 없이 사용하고 싶을 것이다. 특히 공장 등에서는 하나의 설비 안에서 몇 백 몇 천개의 모터를 돌리기 때문에 수많은 모터의 정류자를 일일이 교환할 수는 없다.

보다 더 길게 사용할 수 있는 모터를 원하는 마음으로 정류자가 없는 브러시리스 DC 모터의 개발이 시작되었다. 다시 생각해 보면 정류자는 편리한 것이다. 회전자의 위치를 검지할 뿐 아니라 자동적으로 스위칭을 실행하여 전류의 방향을 바꾸기 때문이다. 그런데 이것을 비접촉으로 실행하기 위해서는 어떤 방법이 있는 것일까?

해결의 포인트는 역전의 발상에 있었다. DC 모터와는 반대로 회전자를 영구자석으로, 고정자를 전자석으로 구성하면 되는 것이다. 고정자는 보디에 고정되어 있으므로 항상 전선에 접속하고 있을 수 있다. 도중에 스위칭 회로를 배치하면 전류의 방향은 자유롭게 바뀔 수 있다.

문제는 비접촉으로 회전자의 회전 위치를 검출하는 방법으로 가장 간단한 것은 자기 센서일 것이다. 자기 센서는 자계磁場*의 크기 등을 계측하는 것으로, 브러시리스 모터의 원리 그림과 같이 모터 내부에 설치하면 회전자의 N극, S극이 가장 가까워지는 타이밍을 검지할 수 있다. 그것에 연동해서 전류의 방향을 바꾸

● 브러시리스 모터
(blushless motor)
모터 코일에 전류를 공급하는 기계적인 브러시 대신에 트랜지스터를 이용한 것으로 브러시가 없기 때문에 스파크가 발생되지 않아 가스 폭발의 위험이 없으며, 브러시가 있는 DC 모터보다 수명이 길다.

● 자계
(magnetic field)
자장(磁場). 자계는 자석의 둘레나 전류가 흐르는 가느다란 철심의 둘레에 이미 자기력이 미치는 성질을 가진 공간이 존재하는 것으로 보고 이 공간을 자장 또는 자계(磁界)라 한다.

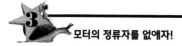

기 위한 회로를 만들면 모터는 계속해서 회전할 수 있는 것이다.

　최근에는 센서를 사용하시 않는 [센서리스 브러시리스 모터]라는 것도 있다. 구조는 심플하지만 고정자에 흐르는 미세한 전류를 해석해서 회전자의 위치를 검출하기 위해서는 고도의 제어 기술이 필요하기 때문에 현재도 개발이 진행되고 있다.

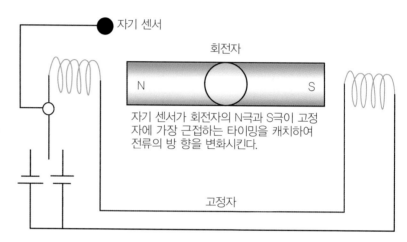

브러시리스
모터의 원리▶

자기 센서

회전자

N　　　　　S

자기 센서가 회전자의 N극과 S극이 고정자에 가장 근접하는 타이밍을 캐치하여 전류의 방 향을 변화시킨다.

고정자

● 하이브리드 자동차
(hybrid vehicle)
엔진과 모터를 결합한 자동차. 엔진과 전기 모터가 결합된 하이브리드 시스템은 엔진과 구동용 배터리, 발전기, 모터, 인버터, 무단 변속기 등의 주요 유닛으로 구성된다. 구동용 모터는 변속기의 내부에 설치되어 있고 발전기는 엔진 측면에 설치되어 있다.

브러시리스 DC 모터 = 교류 동기 모터

　하이브리드 자동차*나 전기자동차에 흥미가 있어 열심히 제원표 등을 본 사람이라면 모터(전동기)란에 브러시리스 DC 모터 또는 교류 동기 모터(SM Synchronous motor)라고 쓰인 것을 보았을 것이다. 이것을 보고 전기자동차의 모터에는 2종류가 있다고 생각하기 쉽지만, 사실 이 두개는 구조적으로 같은 것이다. 메이커에 따라 기술하는 방법이 다를 뿐 방식이 다른 것은 아니다.

　그것을 이해하기 위해 먼저 브러시리스 모터의 그림으로 되돌아가 보자. 여기에서는 스위치로 전류의 방향을 바꾸지만 전기에는 직류 이외에도 (+)와 (-)가 번갈아 바뀌는 교류가 있다. 따라서

이 모터에 교류 전원을 연결한다면 고정자의 N극과 S극도 번갈아 바뀌게 되므로 어쩌면 회전자가 계속해서 회전할 지도 모르겠다.

그러나 실제로 이런 심플한 구조로는 여러 가지 문제가 있기 때문에 아래 그림 같이 되어 있으며, 단상 교류*가 아니라 삼상 교류*를 사용한다. 삼상 교류라면 고정자를 3세트로 나누고 회전 방향에 따라 자계를 바꾸어가는 것이 가능하다. 이와 같이 자계를 바꾸어 가는 것을 [회전 자계]라고 한다.

교류 동기 모터의 최대의 장점은 보내져오는 교류의 주파수에 따라 회전수를 완전하게 제어할 수 있다는 점이다. 더구나 삼상 교류식에서는 회전자 위치(각도)까지 제어할 수 있으므로 로봇의 액추에이터(동력장치)* 등에는 최적의 모터가 된다.

물론 회전수 제어를 정확하게 해야 하는 전기자동차에 있어서도 강력하며, 컨트롤하기 쉬운 교류 동기 모터가 편리하다. 현재 하이브리드 자동차를 비롯한 EV 주행 자동차의 대부분이 이 모터를 사용하고 있다(브러시리스 DC 모터라고 표기하고 있는 곳도 포함).

● 단상 교류(single phase alternate current)
1조의 코일에서 기전력이 발생되는 교류를 말한다.

● 삼상 교류(three phase alternate current)
3조의 코일에서 기전력이 발생하는 것으로 고능률이며, 경제성이 우수하다.

● 액추에이터 (actuator)
전기, 유압, 압축 공기 등을 사용하여 기계적인 일로 변환시키는 기기를 말한다.

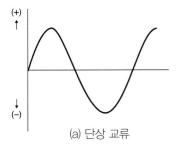

(a) 단상 교류

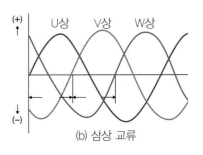

(b) 삼상 교류

◀ 단상 교류와 삼상 교류

단상 교류란 하나의 전기회로에 하나의 정현파 전류가 흐르는 것이다.
삼상 교류란 하나의 전기회로에 3개의 정현파 전류가 1/3 사이클(120도)씩 위상차를 유지하며 흐르는 것으로 이 상을 U상, V상, W상이라고 부른다.

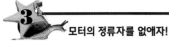

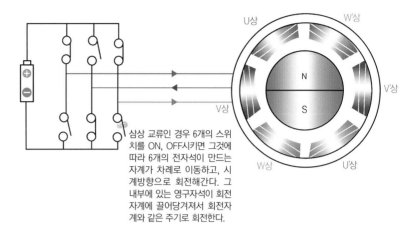

삼상 교류인 경우 6개의 스위치를 ON, OFF시키면 그것에 따라 6개의 전자석이 만드는 자계가 차례로 이동하고, 시계방향으로 회전해간다. 그 내부에 있는 영구자석이 회전자계에 끌어당겨져서 회전자계와 같은 주기로 회전한다.

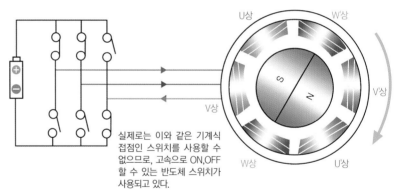

실제로는 이와 같은 기계식 접점인 스위치를 사용할 수 없으므로, 고속으로 ON,OFF 할 수 있는 반도체 스위치가 사용되고 있다.

교류 동기 모터의 구조▶

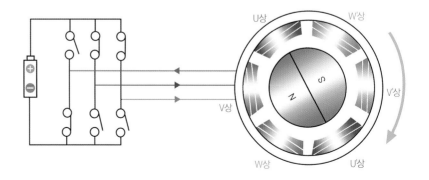

4 희토류의 문제가 전기자동차의 모터를 바꿨다?

 전자 유도를 이용하여 금속을 회전시킨다.

교류로 움직이는 모터에는 앞에 설명한 교류 동기 모터(SM)에 하나 더 대표적인 것으로 유도 모터(Induction Motor = IM)가 있다.

유도 모터의 원리는 설명이 복잡하지만 기초부터 배운다면 처음에 아라고의 원판(Arago's disc)에 대하여 알아둬야 한다. 이것은 프랑스의 물리학자인 프랑소와 아라고가 1824년에 발견한 현상으로 자성이 없는 알루미늄이나 동(구리)의 원판이라도 그림의 아라고의 원판과 같은 형태로 하면 자석의 움직임에 따라 회전한다는 것이다.

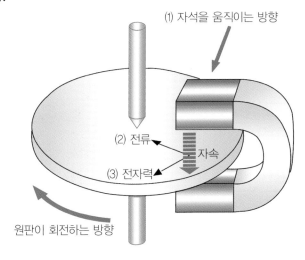

(1) 자석을 움직이는 방향

(2) 전류
자속
(3) 전자력

원판이 회전하는 방향

◀ 아라고의 원판

회전하는 원리는 자석을 움직이면 금속 원판에 유도 전류가 생기기 때문이다. 그러나 동시에 이 전류를 끊는 방향으로 자석의

● 플레밍의 왼손 법
칙(Fleming's left
hand rule)

전자기의 법칙에 세
손가락을 이용하는 방
법을 고안하여 자계
속의 도체에 전류를
흐르게 하였을 때 도
체에 작용하는 힘의
방향을 가리키는 법칙
이다. 왼손의 엄지손
가락, 인지 및 가운데
손가락을 직각이 되
게 펴고 인지를 자력
선의 방향으로 향하게
하고 가운데 손가락의
방향으로 전류를 흐르
게 하면 그 도체는 엄
지손가락 방향으로 전
자력(힘)이 작용한다
는 법칙이다. 따라서
전자력은 전류를 공급
받아 힘을 발생시키는
기동 전동기·전류계
및 전압계 등에 이용
되고 있다.

자속(자력의 묶음)이 계속 작용하기 때문에 플레밍의 왼손의 법칙*
에 따른 전자력이 작용하고 원판이 회전한다.

⑴ 자석에 의하여 자계가 이동하면 금속 원판에 유도 전류가 생긴다.

⑵ 이 유도 전류에 대하여 또 자계가 작용함으로 금속 원판에 힘이 발생한다.

⑶ 금속 원판은 회전축에 설치되어 있기 때문에 회전한다.

아라고의 원판에서는 자석을 움직이지만 삼상 교류용 동기 모터
와 같은 전기적인 조작으로 회전 자계를 만들면 같은 원리로 인해
원판이 돌아갈 것이다. 이것이 교류 유도 전동기로서 구조적으로
는 그림의 농형 삼상 유도 모터와 같이 되어 있다. 회전자는 원판
이 아닌 그림과 같은 '케이지형'으로 만드는 것이 효과가 좋기 때문
에 현재는 이 스타일이 주류가 되어 있다.

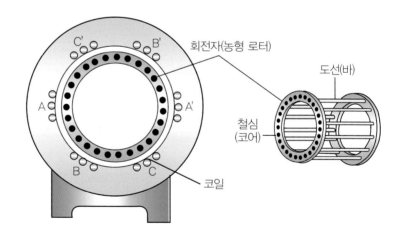

농형 삼상 유도 모터▶

슬립을 컨트롤하자!

유도 모터에서 특징적인 것은 회전자의 움직임이 자계의 움직임
보다 약간 늦다는 것이다. 아라고 원판의 회전 원리에서 ⑴과 ⑵
는 동시에는 일어나지 않는 별도의 현상이다. 따라서 자계의 움직

임과 회전의 타이밍에는 차이가 생기는 것이다. 이것을 [슬립]이라고 부른다.

이 슬립은 철도에서는 그다지 문제가 되지 않으므로 전동차의 동력으로서 유도 모터가 자주 사용되고 있다. 하지만 전기자동차(하이브리드 자동차 포함)에서는 슬립이 있으면 교류의 주파수를 컨트롤하더라도 실제 회전수와의 사이에서 시간적인 차이가 생기기 때문에 아주 섬세한 제어를 하기 어렵게 되어 유도 모터를 꺼려하는 경향이 있다. 더군다나 동기 모터라면 회전자의 각도를 세심하게 조정할 수 있고 타이어를 3분의 1 회전만 시켜서 정확히 정지하는 절묘한 컨트롤까지도 가능하다. 새로운 시대의 전기자동차에 걸맞은 파워 디바이스라고 생각되어 왔다.

그런데 오늘날에는 형세가 조금 바뀌고 있는데 그 원인은 희토류의 문제이다. 동기 모터의 고출력화와 소형화에 큰 힘을 발휘해 온 것은 영구자석의 진보이다. 특히 1984년에 일본에서 발명된 네오듐 자석은 강력하여 모터의 성능을 단숨에 향상시켰다. 그런데 주성분인 네오듐은 원자번호 60의 금속원소로, 희토류 원소의 일종이다. 희토류는 현재 생산량의 98%를 중국이 독점하고 있으며, 정책의 변화로 수출량을 축소하는 등 공급에 불안요소가 생기고 있다.

그리고 네오듐 자석의 성능을 크게 향상시키는 첨가제로서 사용되는 디스프로슘도 원자번호 66으로 역서 희토류이다. 이것은 네오듐보다도 생산량이 적어서 입수하는 데 점점 어려움이 커지고 있다.

네오듐 자석은 물론 고성능의 영구자석을 만들려면 필연적으로 희토류를 사용하여야 한다. 이러한 사정으로 동기 모터를 그만두

● 퀴리 온도(curie temperature)

강자성체를 상자성체로 변화시키는 온도로서, 강유전체(强誘電體)로 하여금 자발 분극(自發分極)을 잃게 하는 온도를 말한다. 저온에 있는 물체 내의 규칙적인 배열은 온도의 상승에 의한 열운동이 증대함에 따라 산란되어 퀴리 온도에서 급격히 불규칙한 배열로 바뀌면 물리량이 급하게 변화하여 큰 비열이 나타난다.

고 유도 모터로 진행하면 되지 않을까 하는 목소리가 전기자동차 메이커로부터도 나오고 있다. 유도 모터는 영구자석을 사용하지 않더라도 만들 수 있으므로 원료의 가격이나 공급의 동향에 생산이 좌우되지 않고 더욱이 전자석은 영구자석보다도 강력하게 할 수 있으므로 고출력을 얻기가 쉽기 때문이다.

또 다른 하나의 호재는 제어 기술의 진보에 의하여 유도 모터도 정확한 회전수의 컨트롤이 가능하게 되었다는 사실이다. 슬립의 양을 미리 계산에 넣고 소프트웨어에 짜 넣어 둔다는 방법으로 제어해가면 전기자동차에서의 실용상의 차이는 거의 없어진다는 말까지 나오고 있다.

동기 모터에 없어서는 안 되는 영구자석은 온도가 높아지면 자력을 잃어버린다는 약점이 있는데 네오듐 자석은 약 310도가 상한이고, 이것을 퀴리 온도*라고 말한다. 이런 점에서도 유도 모터가 다루기 쉽다고 말하는 엔지니어도 있을 정도로 앞으로의 동향은 아직 알 수가 없는 상태이다.

Column

물리학적으로 생각하는
에너지 절약성이 높은 자동차란?

자동차를 주행하는 데 에너지가 필요하냐는 질문을 받는다면 여러분은 당연히 필요하다고 답할 것이다. 그러나 물리학 법칙에 근거할 때 수평 방향으로 움직이는 물체가 한번 운동 에너지를 받으면 나중에는 아무것도 하지 않더라도 같은 속도로 달린다(관성의 법칙). 다시 말해 가속할 때 이외의 에너지는 필요로 하지 않는다(그림 (a)).

하지만 현실의 자동차에서는 도로와의 마찰력이나 공기 저항, 내부의 기계적인 에너지 손실 등에 의한 [마이너스 가속도]가 작용하므로 (b)와 같이 서서히 속도가 내려가고, 마지막에는 멈춘다. 그러므로 같은 속도로 달리기 위해서는 일정 에너지를 사용하여 계속 가속하여야 한다.

결국은 이 [마이너스 가속도]가 작은 자동차일수록 에너지의 절약성이 높다는 뜻이 된다. 가솔린 자동차는 엔진이나 동력전달 기구가 기계적으로 복잡하기 때문에 아무리 해도 저항력이 클 수밖에 없다. 엔진 브레이크는 그 전형이다.

가속해서 일정속도가 된 후에 바퀴가 완전 자유롭게 회전할 수 있도록 한다면 연비는 좋아질지 모르지만 감속되지 않는 자동차는 거리에서 운전하기에는 위험하다. 즉 자동차에는 안전하게 운전할 수 있도록 제동하면서 일부러 연비를 나쁘게 하고 있는 측면도 있는 것이다.

전기자동차의 경우 가솔린 자동차에 비하면 내부의 기계적인 에너지 손실이 적으며, 그 만큼 에너지의 절약성이 유리하다. 더욱이 모터의 발전 작용을 이용한 감속작용은 회생 브레이크로서 에너지를 낭비하지 않기 때문에 이중으로 에너지 절약 효과를 발휘할 수 있다.

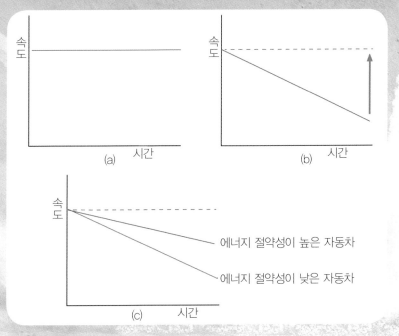

전기자동차의 주행거리는 얼마나 늘어날 수 있을까?

전기자동차의 배터리 무게는 150kg 이상

하이브리드 자동차에서는 수km의 EV 주행만으로 충분하기 때문에 배터리는 니켈수소 배터리로도 좋았다. 그러나 다음 충전소까지 에너지 보급을 할 수 없는 전기자동차는 최소한 100km 정도의 주행 거리가 필요하다. 그렇게 되면 현시점에서 선택지는 리튬이온 배터리와 그 발전형인 리튬이온 폴리머 배터리밖에 없다. 그렇다면 리튬이온 배터리를 더욱 개량하면 전기자동차의 주행 거리가 어느 정도나 늘어나게 될까.

제1장에서 다루었던 배터리의 에너지 밀도를 다시 한 번 살펴보자. 리튬이온 배터리의 수치(실효 값)는 1kg당 약 120Wh이므로 앞서 말한 리프의 총 전력량 21kWh를 이 수로 나누면 175kg. 이것이 아마도 배터리의 무게이다. 덧붙이자면 이 등급의 가솔린 자동차라면 탱크 용량이 40리터 전후이므로 파이프 등의 부속물을 포함하더라도 풀 충전 시의 총 중량은 45kg정도일 것이다.

일반적으로 엔진이 모터보다 무겁지만 그 차이를 감안하더라도 전기자동차가 가솔린 엔진 자동차에 비해 승차인원 한 사람 정도의 중량이 늘어나는 것과 같다. 더구나 가솔린 자동차는 달리는 중에 연료가 줄어들어 점점 가벼워지기 때문에 그런 점에서도 차이는 커진다.

◆ 배터리의 에너지 밀도◆

구분	납 배터리(보조)	니켈수소 배터리	리튬이온 배터리
에너지 밀도 실효값 이론값	약 35Wh/kg 167Wh/kg	약 60Wh/kg 196Wh/kg	약 120Wh/kg 583Wh/kg

가솔린 자동차와 같은 주행 거리는 어렵다

이러한 이유로 인해 기대하고 싶은 것은 배터리가 더 향상되어 고성능화, 대용량화되는 것이다. 앞서 말한 에너지 밀도 비교표에서는 [이론값]이라는 숫자가 있다. 이것은 배터리의 물리적인 성능에서 생각한 이론적인 최고 값을 말하며, 아무리 연구하더라도 이 이상으로는 되지 않는다는 한계선이다.

거꾸로 말하면 여기가 최종 목표라고도 할 수 있는 것으로 혹시 리튬이온 배터리의 에너지 밀도가 지금의 4배 이상이 가능하다고 하면 전기자동차의 주행거리는 800km에 가까워질 것이다. 이렇게 된다면 가솔린 자동차에 충분히 대항할 수 있다.

그러나 여기에서 우리들은 시선을 현실로 돌려야 한다. 앞의 표에서 좌측, 납 배터리 란을 보면 실효값의 이론값에 대한 비율이 20%정도에 불과하다는 것을 알 수 있다. 즉 100년 이상에 걸쳐서 개량을 해왔음에도 불구하고 성과가 이정도일 정도로 배터리의 개발은 어렵다는 뜻이다.

니켈수소 배터리에서는 [실효값/이론값]의 비율이 약 30%이므로 배터리의 종류에 따라서는 조금 더 늘어날 수 있다고 하지만 기껏해야 수%의 싸움이 될 것이라는 것은 과학 지식이 없더라도 예상할 수 있을 것이다.

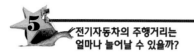
배터리라는 것은 전극과 전해질과의 사이에서 전자를 주고받는 화학반응이 일어남으로써 전기를 흐르게 하거나 저장하게 한다. 그러나 이 반응은 전극의 주변에서만 일어나므로 그곳을 향해서 분자나 이온이 움직이며 정체가 발생한다. 이것이 이론값대로, 실효값이 이르지 않는 원인의 하나이다.

더구나 어떤 배터리라도 에너지의 밀도를 높여가면 내부에서 발열하기 쉬워지게 되는데, 리튬이온 배터리는 유기계통의 재료를 사용함으로써 그것이 폭발 등의 사고로 이어지기 쉽다.

실제로 디지털 카메라나 휴대전화의 배터리에 그 위험성이 지적되어 해당 업체가 전제품을 회수한 경우도 있었다. 그 정도로 예민한 디바이스인 만큼 간단히 대용량화를 할 수도 없는 것이다. 따라서 현실적으로 전기자동차의 주행거리는 200km, 차체를 대형화하더라도 300km 정도를 목표로 삼지 않을까 하는 생각이 든다.

6 짧아지지 않는 충전 시간

 충전과 방전의 소요 시간은 그리 큰 차이가 없다.

전기자동차가 결정적으로 불리한 것이 에너지를 보급하는 시간이다. 주유소에 들러서 몇 분 만에 급유할 수 있는 가솔린 자동차와는 달리, 최신식 전기자동차라고 해도 풀 충전을 위해서는 8시간 정도 걸린다.

배터리는 내부의 화학 반응에 의하여 충전과 방전이 일어난다. 이 두 가지는 반대 방향의 반응이고, 더구나 연소나 폭발과 같은 급격한 것이 아니기 때문에 대체로 같은 정도의 시간이 걸린다.

휴대전화는 1시간 정도의 충전으로 며칠간 사용할 수 있는데…라고 생각한다면 착각하고 있는 것이다. 이 경우엔 기다리는 대기 전력만 사용하는 시간이 길기 때문이며, 스펙을 보면 정확히 **[연속 통화시간 210분, 충전시간 약 140분]**과 같이 충전과 거의 같은 정도의 시간을 제공한다. 아무리 배터리를 개량하더라도 충전 시간을 사용 시간의 반 정도나 3분의 1로 하는 것은 어려운 일이다.

급속 충전은 배터리를 지켜보면서 해야 한다.

전기자동차의 광고를 꼼꼼히 본 사람이라면 **[급속 충전]**이라는 용어를 알고 있을 것이다. 보통이라면 7~10시간 정도가 걸리는 충전을, 30~87분 정도에 충전해 주기 때문에 확실히 편리하다. 그런데 어째서 모든 충전을 고속화할 수 없는 것일까.

배터리에 충전하는 것은 풍선에 공기를 넣는 것과 비슷하다. 안

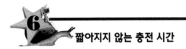

에서 밖으로 나오려고 하는 압력보다 조금 강한 압력을 주면 되기 때문에 방전할 때보다 조금 높은 전압을 걸어서 충전하는 것이다. 하지만 풍선도 무턱대고 강한 입김을 불어 넣는다고 해서 대량의 공기를 빨리 넣을 수 있는 것은 아니다. 풍선으로 불어넣는 구멍이 작으므로 한꺼번에 많은 공기가 들어가지 못하며 고무가 팽창하는 속도도 한계가 있기 때문에 갑자기 터져버릴 가능성도 있는 것이다.

배터리인 경우는 당연히 풍선보다 민감하다. 전기를 투입하면 내부에서 정확하게 화학 반응이 일어나고 전기 에너지를 화학 에너지로 변환해서 저장하게 된다. 그러기 위해서는 충전에 적합한 전압이 있으며, 급속 충전 시에서도 함부로 바꾸기 어렵다.

따라서 급속 충전에서의 전압은 보통 충전과 거의 같지만 전류를 크게 하여 조금이라도 많은 전기(전력)를 배터리 안으로 투입한다. 풍선을 예로 말하면, 불어넣는 입구를 옆으로 끌어당겨서 면적을 넓히는 것과 같은 것이다.

그런데 배터리는 충전 시 내부에서 발열하여 폭발하지 않더라도 열화劣化의 원인이 된다. 그리고 풀 충전이 되었음에도 알아차리지 못하고 계속 충전하려고 하면 배터리는 현저하게 열화 된다. 따라서 항상 배터리의 상태(온도나 전압, 전류 등)를 지켜보면서 조심조심 충전을 해야 하는 것이다. 그러므로 급속 충전에서는 배터리 용량을 100%로 할 수가 없다.

또한 배터리는 [80% 충전에서 100% 충전일] 때가 충전 시간이 길어지므로 급속 충전에서는 이 범위를 빼기도 한다.

◆ 보통 충전과 급속 충전 ◆

아이오닉	보통 충전(파워다운 경고등 점등 후부터 배터리 용량 100%까지) • 약 5시간 : 가정용 전원(AC 220V)
	급속 충전(파워다운 경고등 점등 후부터 배터리 용량 80%까지) • 약 25(100kW급 충전기)~30(50kw급) : 전용 전원(500V)
코나	보통 충전(배터리 잔량 경고등 점등부터 배터리 용량 100%까지) • 약 6(도심)~10(기본)시간 : 가정용 전원(AC220V)
	급속 충전(배터리 잔량 경고등 점등부터 배터리 용량 80%까지) • 약 55(100kW급 충전기)~75(50kw급)분 : 전용 전원(500V)
니로	보통 충전(파워다운 경고등 점등부터 배터리 용량 100%까지) • 약 6(도심)~10(기본)시간 : 가정용 전원(AC220V)
	급속 충전(파워다운 경고등 점등부터 배터리 용량 80%까지) • 약 54(100kW급 충전기)~75(50kw급)분 : 전용 전원(500V)
리프	보통 충전(배터리 잔량 경고등 점등부터 배터리 용량 100%까지) • 약 8시간 : 가정용 전원(단상 AC220V)
	급속 충전(배터리 잔량경고등 점등부터 배터리 용량 80%까지) • 약 30분 : 전용 전원(삼상 220V)
i-MiEV	보통 충전(파워다운 경고등 점등 후부터 배터리 용량 100%까지) • 약 7시간 : 가정용 전원(단상 AC220V)
	급속 충전(파워다운 경고등 점등 후부터 배터리 용량80%까지) • 약 30분 : 전용 전원(삼상 220V)

급속 충전의 표준화 방식 중 하나인 CHAdeMO

외출 시 가볍게 충전할 수 있는 인프라

엔진 자동차의 주유소와 같은 전기자동차의 공공 급속 충전 시스템의 보급을 목표로 2010년 3월에 일본에서 설립된 것이 CHAdeMO협의회이다. 토요타, 닛산, 미쓰비시, 후지중공업, 동경전력, 혼다기술연구소, 이스즈, 마쯔다, 스즈키 등 다양한 업체들이 정회원으로 참여하고 있으므로 앞으로 이 방식이 표준이 될 것이다. 어떤 전기자동차라도 CHAdeMO의 간판을 발견한다면 안심하고 이용할 수 있게 된다. 물론 닛산의 리프와 미쓰비시의 i-MiEV도 CHAdeMO 방식에 대응하고 있다.

CHAdeMO라는 명칭은 아주 재미있게 구성되어 있다. 기본적으로 충전을 표시하는 '차지charge'와 이동을 뜻하는 '무브move'를 합친 말이지만, 일본어 발음으로 [de= 전기] [자동차 충전 중에 차라도] 라는 의미도 포함되어 있다고 한다. 가솔린 자동차와 같이 몇 분 만에 풀 충전하는 급유라고는 할 수 없지만 CHAdeMO가 인정한 급속 충전기에서는

⑴ 전기자동차에 탑재되는 배터리 관리 시스템으로부터 지시를 받아 충전 시의 배터리 잔량이나 온도 등을 리얼타임으로 감시한다.
⑵ 그 데이터를 기본으로 배터리에 악영향을 주지 않도록 충전 전류를 제어하면서 가급적 급속으로 충전한다.

라는 방법으로 시간 단축을 실현하고 있다. 그리고 아직 실측값 등의 발표는 없지만 입수되는 정보로부터 추측하면 최종적으

로는 10분 정도의 충전 시간으로 100km 이상을 주행할 수 있는 급속 충전 방식의 보급을 목표로 한다고 한다.

 전세계로 확산되는 CHAdeMO

CHAdeMO 방식은 급속 충전의 규격(전압이나 전류) 외에도 전기자동차와의 통신 방법(프로토콜)이나 커넥터 등의 규격을 정하고, 표준화를 목표로 하고 있다. 그리고 전기자동차의 개발을 리드하는 일본의 주요 메이커들이 중심 멤버가 되어 있다는 점에서 국제적으로도 표준이 될 가능성이 높다고 할 수 있다.

이미 협의회에도 호주, 오스트리아, 중국, 프랑스, 독일, 홍콩, 아일랜드, 이탈리아, 한국, 네덜란드, 뉴질랜드, 노르웨이, 포르투갈, 대만, 스페인, 스위스, 영국, 미국 등의 기업이 참여하고 있으며 해외에서도 서서히 보급이 확산되고 있는 중이다.

◀ 여러 가지 급속 충전기

8 전기자동차의 액셀러레이터 페달을
밟으면 어떤 일이 일어날까?

인버터의 발달은 전기자동차에 불어온 순풍

그림의 전기자동차 시스템 차트를 보자. 하이브리드 자동차의
시스템 차트에 비하면 상당히 간단하다는 것을 알 수 있다.

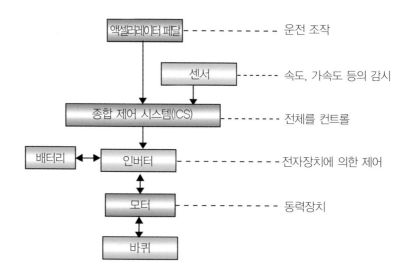

**전기자동차의
시스템 차트▶**

액셀러레이터 페달	운전 조작
센서	속도, 가속도 등의 감시
종합 제어 시스템(ICS)	전체를 컨트롤
배터리 ↔ 인버터	전자장치에 의한 제어
모터	동력장치
바퀴	

지금까지는 모터와 배터리에 대하여 설명을 해왔다. 남은 것은
종합 제어 시스템과 인버터인데 이 두 개는 세트로 생각하자. 센
서로부터의 정보를 기본으로 연산을 하며, 여러 가지의 명령을 내
리는 것이 제어 시스템인데 그 명령을 실행하는 것이 인버터(파워
컨트롤 유닛)이다.

원래 인버터란 직류를 교류로 바꾸는 전원 회로를 가리키는 말
이었다. 그리고 반대로 교류에서 직류로 바꾸는 변환 회로를 컨버

터(정류기)라고 불렀다. 하지만 현재는 인버터 회로나 컨버터* 회로를 갖는 전력 변환 장치를 인버터라고 통칭하고 있다. 또한 여러 가지의 파워 일렉트로닉스의 발전에 따라 인버터가 다기능화 되면서 오늘날에는 전압, 전류, 교류 주파수 등을 폭넓게 설정할 수 있는 [종합 전원 제어 장치]라는 직분을 맡게 되었다.

가장 대표적인 용도가 모터의 제어이다. 교류 동기 모터는 주파수에 따라서 회전수를 정확하게 제어할 수 있기 때문에 [고성능 인버터 + 교류 동기 모터]의 조합이 확립됨과 동시에 비로소 정확히 움직이는 로봇이나 오토메이션 장치가 완성되었다고 해도 과언이 아니다. 그리고 당연히 전기자동차에서도 인버터는 없어서는 안 될 장치가 되었다.

● 컨버터
(Converter)
컨버터는 교류(AC) 전원을 직류(DC) 전원으로 변환시키는 장치로 모터가 발전기로 작동했을 때 교류를 직류로 변환하여 배터리에 저장하는 역할을 한다.

 직류 → 교류 → 주파수 제어로 스피드를 바꾼다.

말할 필요도 없이 배터리는 직류 전원이다. 따라서 전기자동차는 안에서 이것을 교류 전력으로 만들어(역변환) 주파수 제어를 실행한다. 예를 들어 운전자가 액셀러레이터 페달을 밟아 가속을 하려고 할 경우 ICSIntegrated Control System는 인버터에 명령을 내려 모터에 보내는 교류 전력의 주파수를 올리게 하는 것이다. 물론 그때 필요한 전류량 등도 함께 계산하고 적절한 지시를 내린다.

반대로 감속할 때에는 액셀러레이터 페달에서 발을 떼거나 차축과 연동하는 속도 센서, 가속도 센서 등으로부터 받은 데이터를 기본으로 ICS는 인버터에 모터로의 송전을 중지(혹은 감소)시킨다. 그러면 구동력이 약해지고 그 다음에는 모터 내부의 자계에 의한 저항으로 엔진 브레이크와 같이 속도가 내려간다. 이때 모터는 발전기의 기능을 완수하여 전력(교류)을 발생시키므로 인버터를 통하여 직류로 정류(변환)한 후에 배터리에 충전을 하는 것이다.

● 커패시터
    (capacitor)

배터리는 축전지(蓄電池), 커패시터는 축전기(condenser)라고 표현할 수 있으며, 전기 이중층 콘덴서를 말한다. 커패시터는 짧은 시간에 큰 전류를 축적, 방출할 수 있기 때문에 출발이나 가속을 매끄럽게 할 수 있다는 점이 장점이며, 시가지 주행에서 효율이 좋다. 그러나 고속 주행에서는 그 장점이 적어진다.

● 옴의 법칙
    (Ohm's law)

옴의 법칙은 1827년 독일의 물리학자 옴(George Simon Ohm)이 실험에서 증명한 법칙으로서 도체에 흐르는 전류(I)는 도체에 가해진 전압(E)에 정비례하고 그 도체의 저항(R)에는 반비례한다.

한편, 단기적으로 축전하여 사용하고 싶은 전력에 대해서는 배터리뿐만 아니라 커패시터capacitor*라는 디바이스를 병용하는 경우가 있다. 커패시터는 콘덴서라고도 불리는 부품으로 저용량의 전기라면 거의 손실 없이 충전과 방전이 가능하고 더구나 배터리보다 훨씬 반응 속도가 빨라 고속이다. 따라서 전력용 버퍼로서 사용되는 경우가 늘어나고 있다.

 직류 모터의 제어는 인버터가 아니다.

추가적으로 구세대의 전기자동차에서는 어떻게 속도를 컨트롤하고 있었는지도 설명한다. 당시는 파워 일렉트로닉스 기술을 구사하는 고성능 인버터 등이 없었기 때문에 배터리는 저항기를 사이에 배치하고 직류 모터와 직결되었다. 예를 들면 그림 저항 제어와 같은 회로이다. 도중의 저항기 수를 0~4개로 변경할 수 있었으므로 5단계의 속도 조정이 가능하였다. 이것을 저항 제어라고 하며, 초기의 전기자동차는 모두 이 방식이었다.

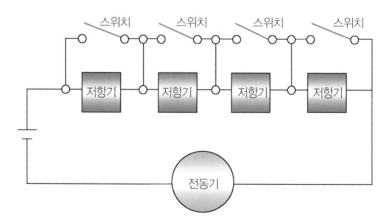

저항 제어 ▶

이런 회로에서는 전체에 걸리는 전압이 변하지 않기 때문에 감속하고 싶을 때는 저항값을 늘려서 전류를 줄인다. 즉, 옴(Ω)의 법칙*이다.

옴의 법칙: I = V / R 전류(I)는 전압(V)에 비례하고, 저항(R)에 반비례한다.

그러면 회로 내에서는 저항기가 발열하고 전기 에너지를 열에너지로 변환하여 소모한다. 다시 말해 에너지의 낭비가 생기는 것이며, 또한 항상 방열에 주의하지 않으면 가열에 의해 기기류가 손상될 가능성조차 있다. 또한 저항 제어는 다단계 가속이나 감속이 되는 경우가 많은데 오래전의 전차에서 갑자기 스피드업 했던 것을 기억하는 노인들이 있을 것이다. 그리고 그 충동에 의한 슬립도 에너지 손실로 이어진다.

그 후 전기자동차는 큰 진보가 없는 상태에서 가솔린 자동차의 전성기가 찾아오게 되지만 철도 분야에서는 저항 제어 다음의 기술이 개발되고 있었다. 그것이 초퍼 제어*로 직류 전류를 잘게 잘라서 연속적으로 ON, OFF를 반복함으로써 낭비가 없는 에너지 제어를 가능하게 한 것이다.

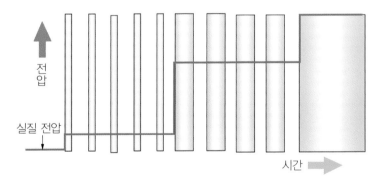

◀ 초퍼 제어

초퍼 제어도 파워 일렉트로닉스의 진보가 없었다면 불가능 했겠지만 인버터보다는 간단한 구조이기 때문에 1960년대에는 일본에서도 전동차의 스피드 컨트롤에 사용했다. 이전에 제로스포츠라는 한 일본 업체가 초퍼 제어를 사용한 구세대와 신세대의 중간에 위치하는 개성 있는 전기자동차 모델을 출시하기도 하였다.

9 미래의 전기자동차는?

자동차에 없어서는 안 되는 컴퓨터

● ABS(anti lock brake system)

주행중 자동차를 제동할 때 타이어의 로크를 방지하는 예방 안전시스템. ABS는 타이어의 로크 현상을 미연에 방지하여 최적으로 그립력을 유지하므로 사고의 위험성을 감소시키는 예방 안전장치이다.

시스템 차트에서 종합 제어 시스템ICS이라고 이름 붙인 전기자동차의 두뇌가 되는 컴퓨터는 운전자의 행동을 보좌하거나 대행하면서 자동차 전체를 컨트롤하는 역할을 한다. 그리고 최고 수준의 에너지 절약을 실현할 뿐만 아니라 쾌적한 드라이빙의 연출까지 해준다.

현재는 가솔린 자동차에도 상당히 고성능의 컴퓨터가 탑재되고 있다. 엔진으로 연료를 공급하는 양과 타이밍을 최적화하는 전자연료 분사 장치(인젝터), 브레이크의 힘을 컨트롤하여 제동력의 효과를 최대화하는 안티 로크 브레이크 시스템ABS*, 더 나아가서는 사이드슬립이나 스핀을 방지하는 안전 시스템 등도 컴퓨터의 진보로 가능하게 되었다.

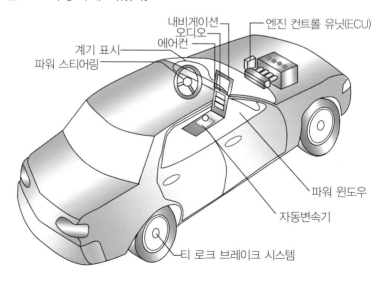

내비게이션
오디오
에어컨
엔진 컨트롤 유닛(ECU)
계기 표시
파워 스티어링
파워 윈도우
자동변속기
티 로크 브레이크 시스템

컴퓨터가 사용되고 있는 자동차 부품의 예 ▶

거꾸로 말하면, 현재의 가솔린 자동차는 컴퓨터를 움직이는 전력電力이 없으면 전혀 움직일 수 없다는 뜻이기도 하다.

하지만 파워 플랜트 디바이스가 엔진인 이상 정말로 정밀한 제어는 할 수가 없다. 컴퓨터가 100분의 1초 단위로 속도를 바꾸도록 명령을 해도 엔진이 즉시 응답할 수 없기 때문에 할 수 있는 일에는 한계가 있다.

그러나 전기자동차라면 교류 동기 모터나 교류 유도 모터 모두 반응하는 시간의 지체 없이 컴퓨터의 명령대로 움직인다. 앞으로도 컴퓨터의 하드웨어가 고성능화되고 더불어 운전을 고도로 서포트 하는 소프트웨어가 개발된다면 그 진보의 혜택을 확실하게 받을 수 있을 것이다.

점점 더 영리해져 가는 로봇과 같은 자동차

자동차는 점점 더 영리해져 가고 있다. 이젠 운전자의 운전 습관을 기억하고 학습하는 자동차도 만나볼 수 있게 된다.

예를 들어 빈번하게 액셀러레이터 페달을 밟아 불필요한 가속을 하는 사람이라면 그런 조작의 패턴을 이해하고 [이 사람의 액셀러레이터 페달을 밟는 방법에는 의미가 없는 동작이 많기 때문에 가 · 감속을 조금 더 부드럽게 하자]라고 판단하여 실행한다. 그렇게 함으로써 연비를 좋게 하거나 안전성을 높일 수가 있으면 운전자에게 주는 장점이 무척 클 것이다.

앞으로의 전기자동차는 점점 로봇에 가까워져 갈 것 같은 생각이 든다. 운전자가 운전할 때마다 그 패턴을 기억하고 데이터를 축적해간다. 그러다가 그 사람이 혹시 컨디션이 나빠서 평상시보다 위험한 운전을 하고 있다면 곧바로 감지하여 안전한 주행이 되

도록 서포트 하거나 경우에 따라서는 운전하지 않도록 어드바이스 하는 것도 가능할 것이다.

개인적으로는 대화할 수 있는 자동차가 나온다면 즐거울 것이라고 생각한다. 행선지나 오늘의 운행 목적 등을 전달하면 용무가 있는 이동인지, 즐기기 위한 드라이브인지에 따라서 운전 방식을 바꾸어준다. 그렇게 되면 세단과 스포츠카를 별도로 갖고 있지 않더라도 한 대로 여러 가지 용도에 대응할 수 있게 된다.

가솔린 자동차로부터 전기자동차로의 전환은 단순히 동력의 종류가 변화되는 것뿐만이 아니라 새로운 지능을 획득하는 것과 같다. 앞으로 나올 제 6장에서는 그런 미래의 전기자동차 기술에 대하여 설명하고 있다. 앞으로 20년~30년 후 사람은 어떤 자동차에 타고 있을까? 쉽게 상상할 수 없을 만큼 기대감은 더 커진다.

전기자동차의
메이커

전기자동차의 개발에 역량을 쏟고 있는 업체들은 어디일까?
또한 이제부터 어떤 자동차가 등장하게 될까?
대표적인 전기자동차 메이커의 동향을 정리하고
생산이 가능한 전기자동차의 가능성을 탐색해 보았다.

코나 전기자동차

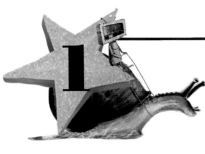

대기업과 중소기업의 각개 전투
현대자동차

현대자동차와 배터리 메이커 LG 화학의 커플링

1997년 아시아 통화위기 이전 다양하게 존재했던 우리나라의 자동차 메이커도 그 후 매수나 경영 통합 등에 의해 지금은 현대자동차와 산하의 기아자동차인 1그룹 2사로 재편되었다. 현대 자동차가 중형 세단 [소나타]의 하이브리드 모델을 미국 시장에 투입하였다. 판매대수는 2010년 말 시점으로 20만 대에 달했고, 2011년부터는 국내에서도 시판을 시작하였다.

현대자동차의 경우 국내에 리튬이온 배터리의 대기업 메이커인 LG 화학이 있다는 점에서 조달이 쉬워 소나타 이전에 개발한 엘란트라의 하이브리드 모델에서도 LG화학에서 제작한 배터리를 탑재하였다. 이 점이 니켈수소 배터리를 전원으로 하고 있는 일본의 프리우스나 인사이트와 달리 미래의 전기자동차 개발에 직결되는 제품이라고 생각하고 있는 것 같다.

블루온 전기자동차 ▶

실제로 2010년 9월에는 처음으로 전기자동차 [블루온]을 발표하고, 2012년 말까지 2,500대를 생산한다고 발표하였다. 그리고 다음 모델로서 크로스오버 유틸리티 비클*(스포츠용 다목적차)을 베이스로 한 전기자동차의 개발을 추진하고 있으며, 2012년에 정부기관용으로 한정판매를 한 후에 2013년에는 일반용 판매에도 나서게 되었다.

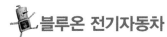 블루온 전기자동차

● 리튬이온 폴리머 배터리를 탑재 140km 주행

유럽전략 소형 해치백 모델인 'i10'을 기반으로 개발된 전기자동차 '블루온BlueOn'은 '친환경적인, 새로운, 창조적인' 이미지를 나타내는 현대자동차의 친환경 브랜드 '블루Blue'에 전기자동차 시대의 '본격적인 시작Start On' 및 전기 '스위치를 켜다Switch On'라는 의미의 '온On'을 조합해 탄생했다.

전장 3,585mm, 전폭 1,595mm, 전고 1,540mm의 차체 크기를 갖춰 컴팩트한 이미지로 구현된 '블루온BlueOn'은 고효율의 전기 모터와 함께 국내 최초로 국산화 개발에 성공한 16.4kWh의 전기자동차 전용 리튬이온 폴리머 배터리를 탑재 최고출력 81ps(61kW), 최대토크 21.4kg·m(210Nm)의 강력한 동력 성능을 갖췄다.

순수 전기자동차는 배터리와 전기 모터만으로 구동하는 만큼 배터리의 수명과 저장 능력에 따라 차량의 성능이 좌우되기 때문에 다른 배터리에 비해 고출력·고용량의 성능을 자랑하는 리튬이온 폴리머 배터리를 적용했다. 리튬이온 폴리머 배터리는 기존 니켈수소 배터리에 비해 무게가 30% 가볍고, 부피가 40% 적어 효율성이 뛰어날 뿐만 아니라 차량의 내부 공간 활용성도 높다.

● 크로스오버 유틸리티 비클(crossover utility vehicle)
SUV와 비슷한 형태이나 트럭 대신 승용자동차의 차체에 제작되어 SUV*보다 크기가 작고 연비가 높은 자동차이다. SUV와 마찬가지로 차내 공간이 넓고 도로 면과의 마찰이 적다.

● SUV(Sports Utility Vehicle)
활동적이고 실용적인 차량. 험한 길(off-road)에서도 주행할 수 있는 4WD 오프로드(off road) 지프형 자동차를 말한다. 최근에는 일반 도로(on-road)의 주행 능력을 크게 향상시킨 모노코크 보디로 세단이나 쿠페에 가까운 것까지 종류가 다양하다.

또한, 과충전 및 충돌시 안전성을 고려해 복합 안전 설계가 반영됐으며, 수십만 킬로미터에 달하는 자체 내구 시험*을 통해 안전성까지 확보했다. 뿐만 아니라 '블루온BlueOn'은 최고속도 130km/h를 달성했으며, 정지 상태부터 100km/h까지 도달 시간도 13.1초로 동급 가솔린 차량보다도 우수한 가속 성능을 갖췄다.

특히 '블루온BlueOn'은 전기 동력 부품의 효율을 향상시키고 전자식 회생 브레이크를 적용해 1회 충전으로 초기 목표 130km 대비 10km 증가된 최대 140km까지 주행이 가능하며, 일반 가정용 전기인 220V을 이용한 완속 충전 시에는 6시간 이내에 90% 충전이 가능하고, 380V의 급속 충전 시에는 25분 이내에 약 80% 충전이 가능하다.

● 내구 시험
어떤 물체에 압력을 가했을 때 시간 경과에 따라 나타나는 영향을 검사하는 시험. 자동차를 움직이는 엔진의 전원을 껐다. 켜기를 반복하고, 기어 변속을 가혹하게 반복하는 시험, 차량에 탑재된 엔진을 피로하게 만들기 위해 주행과 정지를 반복하고, 가혹한 조건에서 기어 변속을 통해 동력 전달계통의 내구성을 검증한다.

● 플러그인 하이브리드 전기자동차(PHEV ; Plug-in Hybrid Electric Vehicle)
플러그인 하이브리드는 외부의 전력에 연결하여 배터리의 재충전이 가능하고 또 온-보드 엔진과 발전기를 통해서 배터리의 재충전이 가능한 하이브리드 전기자동차이다.

▲ 블루온 전기자동차

아이오닉(IONIQ) 전기자동차

● 친환경 전용 모델 도심 기준 1회 충전 주행거리 206km

2016년 3월 제네바 국제 모터쇼에서 세계 최초로 친환경 자동차 전용 모델의 아이오닉IONIQ 3종을 모두 공개하였다. 2016년 1월 국내에서 친환경 전용 차량인 아이오닉의 첫 모델로 하이브리드HEV를 처음으로 선보데 이어, 제네바 국제 모터쇼를 통해 전기자동차EV와 플러그인 하이브리드PHEV*까지 선보임으로써 그 라인업을 완성하였다.

아이오닉 전기자동차는 친환경 자동차 전용 모델인 아이오닉 하이브리드에 이은 두 번째 차량으로 배터리와 전기 모터만을 움직여 주행 중 탄소 배출이 전혀 없는 친환경 자동차이며, 최대 출력 88kW(120ps), 최대 토크 295Nm(30kgf·m) 모터를 적용한 동급 최고 수준의 동력 성능을 보이는 고속 전기자동차다.

　또한 아이오닉 전기자동차는 28kWh의 고용량 리튬이온 폴리머 배터리를 장착하여 1회 충전 주행거리 191km(복합기준 : 도심 206km / 고속도로 173km)까지 주행이 가능하며, 급속 충전시 24분 (100kW 급속 충전기 기준), 완속 충전시 4시간 25분 만에 충전이 가능하다. 특히 아이오닉 일렉트릭의 도심 기준 1회 충전 주행거리는 206km로, 국내 전기차 중 처음으로 200km 고지를 밟은 전기차라는 타이틀까지 얻게 됐다.

　또한 아이오닉 일렉트릭은 최대 출력 88kW(120ps), 최대토크 295N·m(30kgf·m) 모터를 적용한 동급 최고 수준의 동력 성능을 자랑하며, 급속 충전 시 24분(100kW 급속 충전기)~33분 (50kW 급속 충전기), 완속 충전 시 4시간 25분 만에 충전이 가능하다.

◀ 아이오닉(IONIQ)
　전기자동차

SUV 코나 전기자동차

● 세계 최초 소형 SUV 1회 충전 주행 가능거리가 406km

2018년 4월 코엑스에서 진행된 EV 트렌드 코리아 2018에서 코나 일렉트릭 이외에도 넥쏘, 아이오닉 일렉트릭과 무선충전 시스템 전시물, 찾아가는 충전 차량 등을 전시하여 선보였다.

코나 일렉트릭은 친환경성과 실용성을 갖춘 세계 최초의 소형 SUV 전기자동차로써 파워트레인은 최고 출력 150kW(약 204마력), 최대 토크 395N·m(약 40.3kgf·m)를 발휘하는 고효율·고출력 구동모터와 64kWh의 고전압 배터리를 통해 최대 406km(국내 인증 기준)의 1회 충전 주행 가능거리를 확보했다.

특히 소형 SUV 전기자동차는 고객들의 주행 패턴을 고려하여 장거리보다 근거리 주행에 적합한 '라이트 패키지'를 운영하며,

● 전방 충돌방지 보조 장치(FCA)

전방 레이더와 전방 카메라에서 감지하는 신호를 종합적으로 판단하여 선행 차량 및 보행자와의 추돌 위험 상황이 감지될 경우 운전자에게 경고를 하고 필요시 자동으로 브레이크를 작동시켜 충돌을 방지하거나 충돌 속도를 늦춰 운전자와 차량의 피해를 경감하는 장치이다.

● 차선 유지 보조 장치(LKA)

차선 유지 보조 장치는 전동 조향 장치(MDPS ; Motor Driven Power Steering)가 장착된 차량에서 60~180km/h 범위에서 작동하며, 전방 카메라 센서를 통해 운전자의 의도 없이 차선을 벗어날 경우 조향 핸들을 조종하여 주행 중인 차선을 벗어나지 않도록 보조하는 장치이다.

코나 전기자동차 ▶

39.2kWh 배터리를 탑재해 1회 충전으로 254km까지 주행이 가능하다. 배터리 충전 시간은 64kWh 배터리 기준 100kW 급속 충전(80%)시 54분, 7kW 완속 충전(100%)시 9시간 35분이 소요된다.

코나 일렉트릭은 운전자의 편의성을 높이기 위해 앞 트림에 전방 충돌방지 보조(FCA Front Collision-Avoidance Assist system)*, 차선 유지 장치 보조(LKA Lane Keeping Assist system)*, 운전자 주의 경고(DAW Driver Attention Warning)* 등의 핵심 안전 사양과 스마트 크루즈 컨트롤(Stop&Go 포함), 차로 유지 보조(LFA Lane Following Assis)*, 고속도로 주행보조(HDA Highway Driving Assist)* 등 다양한 첨단 사양을 적용하였다.

SUV 투싼ix 수소 연료전지 자동차

● 핵심부품 모듈화 및 국산화로 차세대 수소 연료전지 자동차 기술력 확보

2018년 4월 코엑스에서 진행된 EV 트렌드 코리아 2018에서 코나 일렉트릭 이외에도 넥쏘, 아이오닉 일렉트릭과 무선충전 시스템 전시물, 찾아가는 충전 차량 등을 전시하여 선보였다.

코나 일렉트릭은 친환경성과 실용성을 갖춘 세계 최초의 소형 SUV 전기자동차로써 파워트레인은 최고 출력 150kW(약 204마력), 최대 토크 395N·m(약 40.3kgf·m)를 발휘하는 고효율·고출력 구동모터와 64kWh의 고전압 배터리를 통해 최대 406km(국내 인증 기준)의 1회 충전 주행 가능거리를 확보했다.

특히 소형 SUV 전기자동차는 고객들의 주행 패턴을 고려하여 장거리보다 근거리 주행에 적합한 '라이트 패키지'를 운영하며, 39.2kWh 배터리를 탑재해 1회 충전으로 254km까지 주행이 가능하다.

배터리 충전 시간은 64kWh 배터리 기준 100kW 급속 충전 (80%)시 54분, 7kW 완속 충전(100%)시 9시간 35분이 소요된다.

● 고속도로 주행
보조(HDA)

고속도로 본선 주행 시 전방 차량과의 거리, 차선 정보, 내비게이션 정보를 이용해 차속 제어 및 차로 유지를 보조하는 기능이다. 장거리 주행이나 정체 상황에서의 피로감을 덜어주고, 스티어링 휠의 조향 제어를 통해 편안한 주행을 보조해 준다.

▲ 투싼 수소 연료전지 자동차

▲ 투싼 수소 연료 부품 배치도

SUV 넥쏘 수소 연료전지 자동차

● 친환경 미래 기술 집약 미래형 SUV

차세대 수소 전기자동차 'NEXO(넥쏘)'는 Connected Mobility(연결된 이동성)·Freedom in Mobility(이동의 자유로움)·Clean Mobility(친환경 이동성)의 모빌리티 비전을 제시한 차량이다. 'NEXO(넥쏘)'는 차세대 동력인 수소 연료전지 시스템과 첨단 ADAS* (Advanced Driver Assistance System; 첨단 운전자 보조 시스템) 기술 등이 적용되었다.

수소전기 파워트레인은 최고 출력 113kW(약 154마력), 최대 토크 395N·m(약 40.3kgf·m)를 발휘함으로써 기존 투싼 FCEV 대비 약 20% 향상된 동력성능을 확보했으며, 1회 충전시 최대 609km(국내 인증 기준)를 주행할 수 있는 높은 효율성을 갖추는 등 미래 기술력이 집대성된 '미래형 SUV Future Utility Vehicle'다.

'NEXO(넥쏘)'는 덴마크의 섬 이름이자 첨단 기술 High Tech의 의미를 담고 있으며 고대 게르만어로는 물의 정령 Water Sprit을 라틴어와 스페인어로는 결합을 뜻하는 단어로, 산소-수소의 결합 NEXO으로 오직 에너지와 물 NEXO만 발생되는 궁극의 친환경 자동차의 특성을 정확히 표현한다는 점에서 차세대 수소 연료전지 자동차의 이름으로 명명됐다.

넥쏘는 동일 사이즈의 3탱크 시스템으로 설계된 수소 저장 시스템이 적용돼 동급 내연기관 SUV와 동등한 수준의 거주성과 839ℓ(미국자동차공학회 SAE 기준)의 넓은 적재공간을 확보했다.

최대 강점은 첨단 기술력이 집약된 ADAS시스템으로 운전자가 탑승한 상태에서뿐 아니라, 하차한 상태에서도 주차와 출차

● 첨단 운전자 보조 시스템(ADAS)

운전 중 발생할 수 있는 수많은 상황 가운데 일부를 차량 스스로 인지하고 상황을 판단, 기계장치를 제어하는 장치이다. 복잡한 차량 제어 프로세스에서 운전자를 돕고 보완하며, 궁극으로는 자율주행 기술을 완성하기 위해 개발된 장치이다.

를 자동으로 지원해주는 원격 스마트 주차 보조*(RSPA; Remote Smart Parking Assist), 고속도로뿐 아니라 자동차 전용도로 및 일반도로에서도 사용이 가능하도록 기능이 깅화돼 선보이는 기술로 0~150km/h 사이의 속도에서 차로 중앙을 유지하도록 보조해주는 차로 유지 보조(LFA; Lane Following Assist) 등이 탑재돼 운전 편의성과 안전성을 제공한다.

● 원격 스마트 주차 보조(RSPA)

주차 보조 기능을 활성화 한 후 주차 공간을 발견하게 되면 차량 내 안내에 따라 하차한 다음 스마트키의 작동 버튼을 누르고만 있으면 자동차가 스스로 주차하는 시스템이다. 직각 주차 및 평행 주차 모두 가능하며, 운전자 탑승 시에도 차량 내부의 작동 버튼을 누르고 있으면 자동으로 주차 보조를 지원한다.

▲ 넥쏘 수소 연료전지 자동차

수소 연료전지 버스

● 무공해 수소 연료전지 버스 1회 충전 시 440km를 주행

수소 연료전지 버스는 수소와 산소를 전기화학 반응시켜 생성되는 전기 에너지로 구동되는 차세대 친환경 무공해 차량으로 배기가스 대신 물만 배출되며, 최고 속도는 100km/h, 1회 충전 시 440km를 주행할 수 있다.

2004년 수소 연료전지 버스 개발에 착수하여 1세대 모델을 2006년 독일 월드컵 시범운행과 정부과제 모니터링 사업에 투입했고 2009년에는 개선된 연료전지 시스템과 자체 개발한 영구자석 모터를 적용한 2세대 모델을 개발해 인천 국제공항 셔틀버스와 서울 월드컵 공원 에코투어에 무상 임대한 바 있다.

3세대 수소 연료전지 버스는 정부 인증절차를 거친 후 2019년 1월부터 울산시 시내버스 정기노선에 투입돼 운영될 예정이다. 이전 모델 대비 가속성능, 등판능력이 큰 폭으로 개선됐으며, 내구성능이 대폭 향상돼 노선버스 운행에 최적화된 것이 특징이다.

3세대 수소 연료전지 버스에 최첨단 안전기술인 운전자 상태 경고 시스템*(DSW; Driver State Warning)을 적용하여 운전자의 얼굴을 실시간 모니터링 함으로써 운전 부주의 상황을 판단하고 차량이 운전자에게 직접 경고까지 한다. 최근 졸음운전 등 운전자 부주의로 인한 사고가 빈발하고, 버스 등 대형 상용차량으로 인한 사고가 심각한 사회적 이슈로 떠오르고 있는 가운데 DSW 적용이 향후 상용차 안전 주행에 큰 도움을 줄 수 있을 것으로 기대된다.

● 운전자 상태 경고 시스템(DSW)

운전자 상태 경고 시스템(DSW)은 첨단 기술을 통해 운전자의 얼굴을 실시간 모니터링 함으로써 운전 부주의 상황을 판단하고 차량이 운전자에게 직접 경고까지 하는 시스템이다.

DSW는 운전석 앞 계기판 상단에 장착된 카메라와 경고 장치를 기반으로 작동되며, 차량은 카메라를 통해 운전자의 얼굴에서 파악할 수 있는 정보인 눈 깜빡임, 하품, 눈 감음 등의 횟수와 시간을 인식하고 이를 바탕으로 운전자의 피로도와 졸음운전 여부를 판단해 경고 메시지를 보낸다.

▲ 수소 연료전지 버스

에어컨
연료 전지
배터리 팩
구동 시스템

◀ 수소 연료전지 버스 구동 시스템

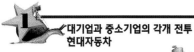

전기 버스 일렉시티

● 전동화 기반 친환경 버스

전기 버스 일렉시티는 2010년부터 약 8년여 간의 개발기간을 거쳐 2017년 5월 상용차 종합 박람회 현대 트럭 & 버스 메가페어'(이하 메가페어)에서 실차가 최초 공개되었고 일렉시티에는 256kWh 고용량 리튬폴리머 배터리가 적용돼 정속주행 시 1회 충전(72분)으로 최대 319km를 주행할 수 있고, 30분의 단기 충전만으로도 170km 주행이 가능하다.

주행거리뿐만 아니라 버스 내외관에 미래 지향적인 요소를 적용해 세련된 이미지를 완성한 것도 일렉시티의 특징이다. 일렉시티의 전면부 디자인은 LED 주간 주행등, 하이테크 이미지의 헤드램프, LED 리어램프를 통해 날렵하고 깔끔한 이미지를 완성했다. 또한 단거리 노선에 있어서도 매회 충전 없이 3~4회를 연속적으로 운행할 수 있어 승객이 많은 출퇴근 시간 운행 시 운영 효율이 탁월하다.

루프_{roof} 상부에 탑재된 256kwh 대용량 고효율의 배터리는 교통 지체 구간이 많은 노선이나 장거리 운행 노선, 언덕 구간 등의 전기 소모율이 높은 운행 노선에 적합하며, 각종 전기장치는 차량 후방의 엔진룸 위치에 탑재 되었다. 또한 최고출력 120kW 회전력 50.7kgf·m의 액슬 일체형 구동 모터는 양쪽 후륜에 직접 장착되었다.

소음과 진동이 없는 주행감성과 앞문과 중앙 문에 초음파 센서를 설치하여 승객의 승, 하차 시 안전사고 및 가상 엔진 사운드*를 통해 버스의 움직임을 주변에 알려 보행자에게 경각심을 주고 후방 경보장치를 통해 후방 사고를 미연에 방지한다.

●가상 엔진 사운드 시스템(VESS ; Virtual Engine Sound System)

하이브리드 시스템이 작동할 때 엔진 소리를 발생시킨다. 가상 엔진 사운드는 자동차가 하이브리드 모드로 주행 시 엔진 소리가 없기 때문에 보행자가 자동차의 소리를 들을 수 있도록 하는 시스템이며, 자동차의 속도가 0~20km/h에서 작동한다.

◀ 전기 버스 일렉시티

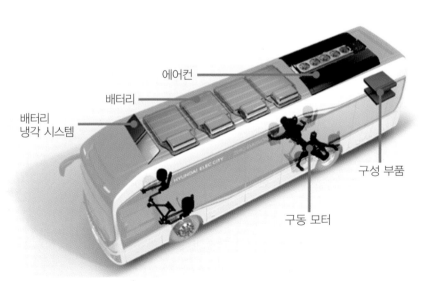

에어컨

배터리

배터리
냉각 시스템

구성 부품

구동 모터

◀ 전기 버스 구동 시스템

르노 삼성자동차 · CT&T

SM3 Z.E 전기자동차

● 전기의 힘으로 더 길게, 더 멀리.

부드럽고 강력한 주행을 선사하는 SM3 Z.E의 향상된 1회 충전 주행거리로 한 번만 충전해도 주중 내내 자유로운 드라이빙을 즐길 수 있다. 배터리 모듈 24개의 35.9 kWh 리튬이온 240~400V의 고전압 배터리의 전력을 이용하여 전기 모터를 구동하는 자동차로 주행 중 배출가스가 전혀 없는 친환경 자동차이다.

Z.E 전기자동차는 교류 동기식 모터로 최고 출력 70kW, 최대 토크 226.0Nm, 에너지 소비효율 4.5km/kWh, 도심 4.8km/kWh, 고속도로 4.2km/kWh 이며, 배출가스, 소음, 진동이 없어 쾌적하고 다이내믹한 가속 능력과 끊임없는 부드러운 변속으로 쾌적하고 즐거운 드라이빙을 할 수 있다.

1회 충전 주행거리는 국내 인증 기준으로 135km로 일상적인 도심 생활에 부족함이 없으며, 7kW 완속 충전은 3~4시간(100%), 22kW 중속 충전은 1시간(80%), 43kW 급속 충전은 30분(80%)이다.

▲ 충전기

SM3 ZE 전기자동차 ▶

대진 CT&T의 e-Zone

● 미니카 타입의 전기자동차로 일본 시장을 노리다.

이와 같은 대기업의 움직임과는 별도로 전기자동차 전용의 새로운 메이커도 탄생하였다. 그러나 고소득층을 고객으로 하는 미국의 전기자동차 벤처기업과는 다르게 경자동차보다 부담 없이 이용할 수 있는 초소형 자동차 개발을 추진하는 회사가 많은 것 같다. 한국으로서는 소형차가 주류인 일본 시장이 존재하기 때문이기도 하다.

그런 신흥 메이커 중 하나인 대진 CT&T가 제조하는 e-Zone은 현재, 특정 비영리 활동 법인인 일본 자동차 공정검정협회(NAFCA)에 가맹하는 자동차 정비회사 등을 통해서 판매되고 있다. 리튬이온 배터리를 탑재한 타입으로 가격은 세단이 225만 7000엔, 밴은 248만 8000엔으로 2인승 자동차로서는 상당히 비싸지만 보조금 혜택이 있으므로 일반인들도 구입에 여유가 있다. 덧붙이자면 1회 충전으로 주행할 수 있는 거리는 100~110km라고 한다.

한국 자동차는 이제까지 일본 시장에서 고전하고 있었던 만큼 이러한 형태의 새로운 비즈니스 모델로 진출을 노리는 회사가 늘어날지도 모르겠다.

▲ 대진 CT&T e-Zone 세단

▲ 대진 CT&T e-Zone 밴

3 기아자동차

 레이 전기자동차

● SK이노베이션과 전기자동차 보급 및 개발 협력 MOU 체결

2011년 말 첫 선을 보인 '레이 EV'는 신개념 미니 CUV 레이 Crossover Utility Vehicle RAY에 50kW의 모터와 SK이노베이션에서 개발한 16.4kWh의 리튬이온 배터리를 장착한 고속 전기자동차로 1회 충전을 통해 139km(기존 도심 주행모드 기준, 신규정 5 사이클 복합연비 기준 91km)까지 주행이 가능하며, 급속 충전 시 25분, 완속 충전 시 6시간 만에 충전이 가능하고 최고 130km/h까지 속도를 낼 수 있다.

또한 전기 모터로만 구동되기 때문에 변속기가 필요 없어 변속 충격이 전혀 없고 시동을 걸어도 엔진 소음이 없는 뛰어난 정숙성을 자랑하며, CO_2와 같은 배출가스가 전혀 없는 친환경 차량으로 차명은 **'빛, 서광, 한줄기 광명'**을 의미하는 영어 단어 '레이 (RAY)'로 결정한 것이다.

2011년부터 레이 전기자동차의 제작에 필요한 배터리를 SK이노베이션으로부터 제공 받았으며, SK텔레콤과 첨단 텔레매틱스* 'UVO' 서비스의 시작과 전략적 업무 제휴 협약으로 자동차 IT·통신 산업 간의 컨버전스 트렌드를 선도하기 위해 노력하고 있다.

기아자동차와 SK이노베이션은 전기자동차의 보급을 확산하기 위한 공동 프로모션 등 제휴 마케팅을 펼치고 전기자동차 및 배

● 텔레매틱스 (telematics)

통신(telecommunication)과 정보 과학(informatics)의 합성어로서 차량에서 다양한 정보를 사용하도록 지원하는 통신 시스템이다. 운전자는 무선 네트워크를 통해 차량을 원격 진단하고 무선 모뎀을 장착한 오토 PC로 교통 및 생활 정보, 긴급구난 등 각종 정보를 이용할 수 있다. 또 사무실과 친구들에게 전화 메시지를 전할 수 있음은 물론 음성 이메일을 주고받을 수도 있고 오디오 북을 내려받는 것도 가능하다. 텔레매틱스는 무선이동통신과 위치추적 시스템이 자동차와 결합되어 위치 추적(GPS), 사고감지, 교통정보, 인터넷 접속, 차량 원격제어 등의 다양한 일들을 자동차 안에서 가능케 하는 첨단 자동차 정보통신 시스템이다.

터리 개발 협력을 통해 브랜드 경쟁력과 전기자동차 관련 기술력
을 한층 강화하며, 전기자동차와 배터리 개발 부문에서도 협력을
강화하여 전기자동차의 렌터카 운행을 통한 실증 데이터와 배터
리 성능 등에 대한 정보 공유 및 분석을 통해 2014년 출시된 쏘
울 전기자동차에서 한 단계 높은 수준의 기술력을 선보였다.

◀ 레이 전기자동차

 쏘울 전기자동차

● **최대 출력이 81.4kW, 최대 토크가 285Nm의 우수한 동력성능 갖춰**

쏘울 전기자동차는 2013년 출시한 기아차 디자인 아이콘 '올 뉴 쏘울'을 기반으로 개발해 81.4kW의 모터와 30kWh의 리튬이온 배터리를 장착한 고속 전기자동차로 배터리와 전기 모터만으로 움직여 주행 중 탄소의 배출이 전혀 없는 친환경 차량이다.

쏘울 전기자동차는 정지 상태에서 시속 100km/h에 도달하는데 11.2초 이내가 걸리며, 최고속도 145km/h, 최대 출력은 81.4kW, 최대 토크는 285Nm의 우수한 동력 성능을 갖췄다. 또한 동급 최고 수준의 셀 에너지 밀도(200Wh/kg)를 갖춘 30kWh의 고용량 리튬이온 폴리머 배터리가 장착되어 1회 충전으로 약 148km(국내 복합연비 평가기준 자체 실험결과)까지 주행 가능하며 100kW 충전기로 급속 충전할 경우 약 24~33분, 완속 충전 시 4시간 20분이 소요된다.

● **가상 엔진 사운드 시스템(VESS)**

가상 엔진 사운드 시스템은 하이브리드 시스템이 작동할 때 엔진 소리를 발생시킨다. 가상 엔진 사운드는 자동차가 하이브리드 모드로 주행 시 엔진 소리가 없기 때문에 보행자가 자동차의 소리를 들을 수 있도록 하는 시스템이며, 자동차의 속도가 0~20km/h에서 작동한다.

평평하고 납작한 모양의 배터리를 최하단에 배치함으로써 동급 차종 대비 최대 수준의 실내 공간을 확보하고 차량의 무게중심을 낮춰 주행 안정성을 높였을 뿐 아니라 비틀림 강성도 기존 가솔린 모델 대비 5.9% 향상시켰다. 전기 모터로만 구동되기 때문에 약 20km/h로 이하로 주행하거나 후진하면 가상 엔진 사운드 시스템(VESS; Virtual Engine Sound System)*으로 가상의 엔진 사운드를 발생시켜 보행자가 차량을 인식하고 피할 수 있도록 했다.

라디에이터 그릴 내에는 AC 완속과 DC 급속 2종류의 충전 포트가 내장돼 있으며, 차데모 타입의 충전 방식을 적용하여 현재 국내에 설치된 대부분의 충전 시설을 편리하게 이용이 가능하도록 했다.

◀쏘울 전기자동차

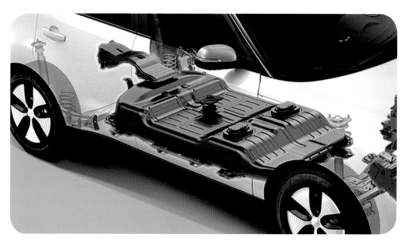

◀ 고용량 리튬이온
폴리머 배터리

 니로 전기자동차

● 신개념 고성능 스마트 전기자동차 385km 주행 가능

　니로 전기자동차는 2016년 4월 출시돼 지난달까지 세계 시장에서
20만대 이상 판매되며, 국산 친환경차의 대표 모델로 자리 잡은 전기
자동차로 최근 빠르게 성장 중인 국내 전기자동차 시장의 새로운 '아
이콘'으로 자리 잡을 것으로 기대하고 있다.

최고출력 150kW(204마력), 최대토크 395N·m(40.3kgf·m)로 동급 내연기관 차량을 상회하는 우수한 동력 성능을 확보했으며, 1회 완전충전 시 주행 가능거리는 64kWh 배터리 기준으로 385km, 39.2kWh 배터리 탑재 모델은 246km를 주행할 수 있다.

또한 니로 EV는 미래지향적 친환경 자동차에 걸맞은 다양한 첨단 주행 신기술인 전방 충돌방지 보조(FCAFront Collision-Avoidance Assist system), 차로 유지 보조(LFALane Following Assist), 스마트 크루즈 컨트롤(SCC, 정차&재출발 기능 포함), 운전자 주의 경고(DAWDriver Attention Warning) 등을 기본으로 적용하여 주행 편의성과 안전성을 크게 높였다.

전기자동차 운행에 가장 중요한 부분인 충전과 관련하여 AVN 시스템을 통해 충전소 정보를 제공해주는 실시간 충전소 정보 표시 기능(UVO 서비스 가입 시), 내비게이션 목적지 설정 시 주행 가능거리를 확인해 충전소 검색 팝업 기능을 제공하는 충전 알림 기능 등이 탑재되었다.

니로 전기자동차 ▶

신형 쏘울 전기자동차

● 주행 효율성과 펀 드라이빙의 두 마리 토끼 모두 잡은 '신형 쏘울 EV'

2018년 11월 미국 캘리포니아주(州) 로스앤젤레스 컨벤션센터에서 열린 '2018 LA 오토 쇼'에서 기아자동차는 신형 쏘울 전기자동차도 첫 선을 보였으며, 국내 전기자동차 시장을 선도하고 있는 니로 전기자동차도 북미 시장에 최초로 공개됐다.

쏘울 EV는 국산 최초의 양산형 전기차로, 국내 전기차 대중화 시대를 연 대표 모델이다.

신형 쏘울 전기자동차는 특유의 효율성은 유지하면서도 '즐거운 운전Fun Driving'을 위한 다양한 기능들을 탑재하였으며, 컴포트Comfort, 스포츠Sport, 에코Eco, 에코 플러스Eco plus의 총 4가지 드라이빙 모드를 지원한다. 이 밖에도 주행 효율성을 높여주는 회생 제동량 조절 패들 쉬프트Paddle Shift 및 스마트 회생 시스템, 다이얼타입 전자식 변속 레버(SBW; Shift By Wire) 등이 적용됐다. 신형 쏘울 및 쏘울 전기자동차는 2019년 1분기 국내외에 출시될 예정이다.

◀ 2018 LA 오토 쇼에
선보인 신형 쏘울
전기자동차 모델

모하비 수소 연료전지 자동차

● 최고 주행거리 확보로 수소 연료전지 자동차 실용성 입증'

　모하비 수소 연료전지 자동차(FCEV; Fuel Cell Electric Vehicle)가 수소 연료 1회 충전만으로 완주하는 시범 주행으로 미국 샌프란시스코와 로스앤젤레스간 633km 거리를 완주해 실용성을 증명하였다. 이는 서울—대구(편도 294km)를 왕복할 수 있는 거리로 수소 연료전지 자동차가 양산차 수준의 주행거리를 확보했다는 것을 의미하기도 한다.

　633km 실제 도로 주행테스트 결과 모하비 수소 연료전지 자동차는 최초 충전된 수소 연료의 84%만 사용했으며, 이는 연료를 모두 사용할 경우 최대 754km까지 주행할 수 있는 수치다.

　모하비 수소 연료전지 자동차는 3탱크 수소 저장 시스템(700기압)을 적용하여 수소연료 1회 충전만으로 700km 이상을 주행할 수 있는 양산차 수준의 주행거리를 확보하였으며, 이는 기존 스포티지 수소 연료전지 자동차의 최고 주행거리(384km)보다 2배 정도 높은 수치이다.

　또한, 기존 80kW 연료전지 스택stack대비 출력이 44% 증가된 115kW급 자체 개발 연료전지 스택과 제동 시 버려지던 에너지까지 최대한 회생하여 저장하는 슈퍼커패시터Super capacitor, 고효율 영구자석 모터 등이 장착되었다.

◀모하비
　수소 연료전지 자동차

◀모하비
　수소 연료전지 자동차
　미국 종단 성공
　(2009년 6월 4일)

4 한국GM

쉐보레 볼트 EV

● 한국GM과 배터리 메이커 LG 화학의 커플링

볼트 EV는 크로스오버 스타일의 전기자동차 전용 알루미늄 합금 고강성 차체에 고효율 60kWh의 대용량 리튬이온 배터리 시스템과 고성능 싱글 모터 전동 드라이브 유닛을 탑재하여 204PS(150kW)의 최고 출력과 36.7kg.m의 최대 토크를 발휘한다.

배터리 패키지는 LG 화학이 공급하는 288개의 리튬이온 배터리 셀을 3개씩 묶은 96개의 셀 그룹을 10개의 모듈로 구성해 최적의 열 관리 시스템으로 운용되며, 이를 통해 효율과 배터리의 수명을 극대화 하였다. 1회 충전으로 383km 주행이 가능하며, 7.2kW 충전기로 완속 충전 시 9시간 45분, 80kW 급속 충전기로 급속 충전 시 45분이 소요된다.

차체 하부에 수평으로 배치한 배터리 패키지는 실내 공간의 확대와 차체 하중의 최적화에 기여하며, 전자 정밀 기어 시프트와 전기자동차에 최적화된 전자식 파워스티어링 시스템은 시속 100km까지 7초 이내에 주파하는 전기자동차 특유의 다이내믹한 퍼포먼스와 함께 어울려 정밀한 주행감각을 느낄 수 있다.

차선 이탈 경고 및 차선 유지 보조 시스템, 저속 자동 긴급 제동 시스템, 전방 보행자 감지 및 제동 시스템, 스마트 하이빔 등 예방 안전 시스템도 적용하여 운전자의 편의를 높였다.

▲ 볼트 전기자동차의 충전

▲ 리튬이온 배터리

▲ 볼트 전기자동차

볼트 전기자동차의 충전 ▶

5 하이브리드에서 전기자동차까지 만능 선수 **토요타 자동차**

 하이브리드에서의 리드를 활용한 전략

토요타는 생산대수에서 세계 상위권에 군림하는 메이커인 만큼 에코 카로 이어지는 자동차의 환경기술에 대해서도 폭넓게 연구를 하고 있다. 그중에서도 핵심기술로서 평가받고 있는 것이 하이브리드 시스템이다. 1997년에 세계 최초로 양산형 하이브리드 프리우스를 출시하여 전 세계 누적 판매대수가 2010년 9월 200만 대를 돌파하였다. 이 숫자는 EV 주행이 가능한 자동차의 판매 대수로서는 역사적인 기록이며, 시장에서 얻어지는 피드백 정보를 바탕으로 보다 완성도 높은 제품의 개발을 지향하고 있다.

그런 전략으로 토요타가 다음 시장에 선보이려고 하는 것은 플러그인 하이브리드 자동차이다. 2007년부터 니켈수소 전지를 탑재한 프로토타입 자동차(시험제작 자동차)를 사용하여, 미국, 일본, 유럽에서 대대적인 주행거리 실증 실험을 행하며, 데이터를 축적하였다. 그 결과 2009년 말부터, 프리우스를 베이스로 리튬이온 배터리를 탑재한 플러그인 하이브리드 자동차를 약 500대를 시험 판매하는 등 확실하게 제품화 프로젝트를 추진하였다. 그 후 2011년 말부터 일반인들에게도 판매가 시작되었다.

2018년 현제 토요타가 시판 중인 플러그인 하이브리드*(PHEV ; Plug-in Hybrid Electric Vehicle) 자동차는 1회 충전으로 EV 주행 가능한 거리가 68.2km이다. 우선은 실용적인 자동차이면서 전기자동차의 감각을 많은 사용자들에게 맛보게 하려는 전략인 것 같다.

● 플러그인 하이브리드 전기자동차
플러그인 하이브리드는 외부의 전력에 연결하여 배터리의 재충전이 가능하고 또 온-보드 엔진과 발전기를 통해서 배터리의 재충전이 가능한 하이브리드 전기자동차이다.

토요타가 개발해온 전기자동차

토요타는 하이브리드 자동차에 의한 신상품 전략을 전개하는 한편, 전기자동차의 제품화에도 힘을 쏟고 있다. 2010년 8월에는 사내에서 새롭게 [BR-EV개발실]이라는 프로젝트 팀을 발족시켰다. BR이란 Business Reform의 약자로 1세대 프리우스를 개발할 때는 [BR-VF]라는 전속 팀을 가동시켜서 사업을 성공적으로 이끌었던 전례가 있다. 이번에는 전기자동차의 제품 개발을 본격적으로 추진하며, 이 분야에서도 시장 개척을 목표로 하고 있다.

토요타가 이제까지 개발해 온 혹은 개발 중인 주요 전기자동차는 다음과 같다.

※ VF는 Vehicle Fuel Economy(연료를 경제적으로 사용하는 자동차)의 약자

01 FT-EV(Future Toyota-Electric Vehicle)

콤팩트 카 [IQ]를 베이스로 한 소형 전기자동차의 컨셉트 카로 2009년 1월에 북미 국제 오토쇼에서 발표하였다. 리튬이온 배터리를 탑재하였으며, 주행거리는 약 80km이다.

◀ FT-EV

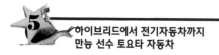
02 FT-EVⅡ

FT-EV의 다음 모델로 2009년 10월에 도쿄 모터쇼에서 공개되었다. 최고 시속은 100km이며 주행거리는 90km를 기록하였다.

FT-EVⅡ ▶

FT-EVⅢ ▶

03 RAV4-EV

SUV_{Sports Utility Vehicle}인 RAV4를 베이스로 한 전기자동차로 1997~2003년에 플릿 판매*가 되었다. 그 후에는 미국의 실리콘밸리에 있는 전기자동차 메이커 [테슬라 모터스]와 공동으로 개발을 계속하여 2010년 11월의 로스앤젤레스 오토쇼에서 신 모델을 발표하기도 하였다.

시장성을 고려한다면 현재의 하이브리드 자동차와 그 발전형인 플러그인 하이브리드 자동차가 견실한 비즈니스가 되지만, 다른 업체들이 양산형 전기자동차를 출시하고 있는 탓일까, 전기자동차 개발에 더욱 속도를 내고 있다.

● 플릿 판매
자동차를 팔 때 개인 고객이 아니라 관공서와 기업 등 법인, 렌터카, 중고차업체 등을 대상으로 한 번에 대량으로 판매하는 것을 말한다.

◀ RAV4-EV(1)

◀RAV4-EV(1)

6 전기자동차의 톱 메이커를 지향 닛산자동차

하이브리드의 뒤늦은 출발을 전기자동차로 만회

닛산자동차는 1990년대부터 하이브리드 자동차의 개발을 독자적으로 추진하며, 에코 카 제품화에는 친향적인 메이커 중의 하나였다. 2000년에는 100대 한정으로 티노 하이브리드라는 차종을 시장에 투입하기도 하였다. 큰 짐도 운반할 수 있는 미니밴 타입이었는데 연비는 리터당 23km로 약간 낮은 듯하지만 이 타입에서 처음으로 리튬이온 배터리를 사용하는 등 기술적인 평가는 결코 낮지 않았다.

그런데 최고 경영 책임자인 카를로스 곤Carlos Ghosn이 하이브리드 자동차에 그다지 관심이 없었던 듯하다. 그는 2004년 9월의 회견에서 하이브리드 자동차가 비즈니스로서는 아직 이익이 없거나 낮은 이익밖에 확보할 수 없다고 발언하였다. 그 후에는 라이벌인 토요타의 기술 공여를 받아 미국에서 하이브리드 자동차를 판매하기 시작한 것 외에는 연료전지 자동차의 연구개발을 계속하고 있다는 뉴스밖에 들리지 않았다.

그래도 수면 아래에서는 다양한 가능성을 검토하고 있었던 듯하다. 2007년에는 스포츠 타입의 전기자동차, 2008년에는 3인승 전기자동차 [누부NUVU], 2009년에는 앞뒤 2인승의 탠덤tandem과 2인승 전기자동차 [랜드 글라이더Land Glider]라는 개성적인 컨셉트 모델을 발표하며, 제품화시기를 엿보고 있었다. 그리고 2010년 12월, 경자동차 타입을 제외하면 세계 최초의 양산형 전기자동차인 리프의 출시가 결정되었던 것이다.

전 세계 동일 차명을 사용하며 광활한 시장을 의식한 스펙

리프가 양산차로서 전략적인 제품인 이유는 단순히 신세대형 전기자동차일 뿐만 아니라 2012년까지 세계시장용으로 양산하여 시판하려고 했기 때문이다. 그러므로 [LEAF]라는 동일한 이름을 사용할 수 있도록 이미 상표가 등록된 나라에서는 소유자와 교섭하여 권리를 획득하는 등 전 세계에서 동일 차명을 사용하게 하였다.

2010년에 이미 미국에서 판매를 시작하였고 그 후에는 유럽, 중국, 캐나다, 멕시코, 이스라엘로도 판로를 넓혀갈 예정이었다. 닛산은 이것으로, 전기자동차는 닛산! 이라는 이미지를 재빠르게 확산시키려고 했을 것이다.

그런 전략적인 상품인 만큼 다양한 사용자의 사용형태에 대응할 수 있는 완성도가 높은 패키지가 되었다. 교류 동기 모터는 109마력의 출력을 자랑하고, 최고 시속은 145km로 가솔린 자동차와 비교해도 손색이 없다. 그리고 주행거리도 최대 200km이며, 충전 시에는 220V용과 110V용이 배티되어 있어 그 지역에 맞는 전원으로 충전이 가능하도록 하였다, 미쓰비시자동차의 i-MiEV는 해외 출시를 하고 있으면서도 일본인에게 유리한 다전원 사양으로 개발되었던 것에 비해, 리프는 보다 강하게 해외시장을 의식한 제품이라고 할 수 있다.

한편, 닛산에서는 리프와 거의 동시기인 2010년 11월에 독자로 개발한 시스템에 의한 Fuga 하이브리드를 시판하였고, 앞으로도 전기자동차와 같이 병행해서 판매한다.

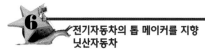

리프 전기자동차▶

푸가 하이브리드▶

7 하이브리드, 연료전지 자동차에서 EV 기술을 축적 혼다

1997년에 전기자동차의 리스 판매를 시작

혼다는 하이브리드 자동차에서는 토요타에 이어 양산차 인사이트Insight의 시판을 단행하고 현재는 Fit 하이브리드, Civic 하이브리드, CR-Z 이렇게 4종류를 생산 판매하고 있다. 전기자동차에 대해서는 1997년 9월에 [HONDA EV Plus]를 완성시켜 일본에서 리스 판매 를 하였다.

[HONDA EV Plus]는 기존의 내연기관 자동차를 개조한 것이 아니라, 전기자동차 전용 설계에 의하여 개발된 것으로, 4인승 해치백 보디에 니켈수소 배터리를 탑재하고 1회 충전으로 210km의 주행거리를 실현하고 있다. 최대 특징은 혼다가 직접 개발한 브러시리스 DC모터(교류 동기 모터)를 동력으로 하여 모터에서의 에너지 효율을 96%까지 높인 점으로, 그 노하우가 차후의 인사이트 등에서도 활용되고 있는 것이다.

그러나 그 후에는 수소 연료전지 자동차인 [FCX], [FCX Clarity] 등의 개발과 리스 판매를 추진한 것 이외에는 전기자동차에 특화한 동향이 나타나지 않고 있었다.

◀ 인사이트
하이브리드 자동차

미국에서 발표된 전기자동차의 컨셉트 모델

2010년 11월, 미국 법인인 아메리칸 혼다 모터가 로스앤젤레스 오토쇼에서 [FIT EV 컨셉트]라는 컨셉트 모델을 출전시키며, 그룹의 입장에서 전기자동차의 출시를 향한 움직임이 있다는 것을 알렸다.

일본의 본사가 발표한 보도 자료에는 다음과 같은 설명이 있었다. 혼다는 주로 시가지에서의 이동에 적합한 Commuter로서 주행 시에 CO2를 배출하지 않는 높은 환경 성능을 가진 EV를 미국과 일본에서 2012년 중에 시판하는 것을 목표로 개발하고 있다. Fit EV의 프로토타입 자동차를 사용한 실증 실험을 2010년 내에 미국과 일본에서 개시한다. 이 실증 실험을 통해서 사용자의 전동화 기술에 대한 요망이나 사용 편리성을 연구하고 2012년의 출시를 목표로 하겠다.

Fit EV 컨셉트 자동차는 FCX Clarity에도 채용하고 있는 기어박스 동축同軸 모터의 특성을 활용한 것으로 전원으로는 리튬 이온 배터리를 채용했으며, 주행거리는 160km 이상, 최고속도는 144km이다.

그리고 혼다의 이토 사장은 2010년 7월의 기자회견에서 2012년에는 전기자동차뿐만 아니라 플러그인 하이브리드 자동차도 미국과 일본에서 판매할 예정이라는 것을 발표하였는데 전기자동차의 시장 확대는 아직 시간이 걸린다고 생각했던 것 같다.

◀피트 EV 컨셉트

◀CR-Z α

8

전기자동차 전용의 종합 제어 시스템 개발
미쓰비시자동차

개인 사용자가 탈 수 있는 세계 최초의 신세대 전기자동차

2009년 7월부터 법인용, 2010년 4월부터는 개인용 판매를 개시한 미쓰비시 자동차의 i-MiEV(아이-미브)는 일반인들이 구입하여 운전할 수 있는 첫 신세대 전기자동차로서 등장하였다. 기존의 경자동차 i(아이)의 차체를 그대로 이용하여 교류 동기 모터와 리튬이온 배터리를 탑재한 패키지는 동급의 가솔린 자동차와 동일한 64마력의 출력이 가능하게 되었는데 자동차의 중량은 100kg 이상 무겁다.

또한 주행 비용도 하이브리드 자동차의 3분의 1에서 4분의 1로 절약되어 높은 완성도로 주목을 받았지만 여기까지 오는 길이 결코 평탄하지만은 않았던 것 같다. 미쓰비시 자동차가 전기자동차의 양산 시판화를 목표로 개발을 시작한 것은 상당히 이른 시기였다. 2005년 5월부터 리튬이온 배터리를 전원으로 한 경자동차 베이스의 제품에 대한 구상을 발표한 바 있다.

i-MiEV ▶

◀ i-MiEV Exterior

What is

● 인휠 모터(In-wheel Motor)
전기자동차에서 가장 특징적인 것은 인휠 모터이다. 또한, 가장 간략한 인휠 모터 기구는 다이렉트 구동이다. 타이어를 회전시키는 차축과 직접 연결된 허브에 모터를 장착하여 연결시키는 것이다. 모터의 회전력이 그대로 타이어로 전달되기 때문에 말 그대로 진정한 다이렉트 구동인 것이다.

당초의 계획에서는 자동차의 휠 내부에 모터를 내장하여 타이어를 직접 구동하는 인휠 모터 방식을 생각하고 있었던 것 같다. 그래서 i-MiEV의 베이스가 된 MiEV라는 명칭은 처음에 Mitsubishi In-wheel motor Electric Vehicle의 약자였던 것이다. 그 후, 인휠 모터에 의한 컨셉트 모델 [콜트 EV]를 발표하게 된다.

인휠 모터*로 계획한 것은 구동 계통이나 트랜스미션이 필요하지 않으므로 여유가 생긴 공간에 큰 배터리를 탑재한다는 이유였지만 그 후 배터리의 소형화에 전망이 선 것과 최종적인 비용 판단 등에 의하여 현재의 원 모터One-motor방식으로 변경되면서 명칭도 [MiEV = Mitsubishi Innovative Electric Vehicle]로 바뀌었다.

그래도 배터리에 관한 고생은 시판 후에도 이어지면서 개인용 판매가 늦어진 것도 리튬이온 배터리의 생산을 따라잡지 못했기 때문이라고 한다. 이후로는 수백억 엔 단위의 설비 투자가 새롭게 이루어지며, 2012년도 이후엔 증산이 가능하게 되었다고 발표하였다.

모터 감속기 허브(hub)

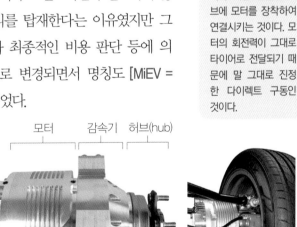

▲ 콜트 EV의 인휠 모터

주행성, 안전성, 에너지 절약성, 쾌적성까지 최고로

i-MiEV의 기술적인 특징 중 하나는 전기자동차용의 종합 제어 시스템인 [MiEV OS]의 개발에 있다고 생각한다. 구세대 전기자동차는 모터와 배터리만 있으면 가능했지만 신세대 전기자동차는 인버터, 배터리, 충전기, 미터 패널, 에어컨 등은 물론, 조작의 정보 제어까지 하여야 한다. 그리고 그것들을 모두 컨트롤하고 주행성, 안전성, 에너지 절약성 등에서 최고의 성능을 발휘하게 하려면 전기자동차의 두뇌라고도 불리는 종합 제어 시스템이 꼭 필요하다.

미쓰비시 자동차에서는 OS 개발의 공동 파트너이기도 한 7개의 전력회사에게 시험 자동차를 제공하여 테스트를 받고, 사장을 포함한 직원들 스스로도 회사 자동차를 사용하여 30만 km이상이나 주행 데이터를 모아 시스템을 완성시켰다고 한다.

하이브리드 자동차를 비롯해 EV 주행을 하는 자동차는 아무리 좋은 하드웨어가 있더라도 그것만으로는 미완성이다. i-MiEV는 시스템(소프트웨어)에서도 높은 완성도를 나타냄으로써 전기자동차의 시대를 예감하는 존재가 될 수 있었다.

9

기술 개발은 추진하고 있지만 제품화는 검토 중

그 외의 일본 업체

마쯔다

모든 고객에게 달리는 기쁨과 뛰어난 환경, 안전 성능을 전달한다는 목표로 전기자동차를 개발하여 2012년 10월부터 콤팩트 카 [데미오]를 베이스로 전기자동차 데미오 EV를 일본 국내에서 리스 판매되고 있다.

데미오 EV는 고효율 리튬이온 배터리와 모터를 탑재한 것으로 뛰어난 가속 성능, 핸들링감 등으로 쾌적한 주행과 200km의 항속 거리를 양립시켜, 베이스 차량과 같은 거주 공간, 주행 중에 CO_2등의 배출가스를 내지 않는 제로 에미션 자동차로서 지방 자치체나 법인 고객을 중심으로 판매하였다.

영구자석형 삼상 교류 동기 모터를 채용하여 강력한 출발·가속과 고속영역에서의 느긋한 가속감을 실현하고 있으며, 감속 시에는 발전기로서 사용하여 감속 에너지를 전기 에너지로 회생한다.

▲ 데미오 전기자동차

◆ 데미오의 주요 스펙

전장×전폭×전고	3900mm×1695mm×1490mm
차량중량	1180kg
승차정원	5명
1회 충전 주행거리	200km
배터리	리튬이온 배터리
배터리 총전압	346V
배터리 총전력량	20kWh
모터 최고출력	75kW(102PS)/5200~120,000rpm
모터 최대 토크	150Nm(15.3kgm)/0~2800rpm
완속 충전 시간(AC200V)	약 8시간(100% 충전)
급속 충전(50kW)	약 40분(80% 충전)

 후지 중공업(스바루)

경자동차 [스텔라]를 베이스로 한 전기자동차 [플러그인 스텔라]를 2009년 6월에 출시하였다. 그러나 딜러를 통하지 않는 직접 판매로 첫 해의 공급은 예정하고 있던 170대 정도에 머물렀다. 후지 중공업은 2006년 6월에 전기자동차의 공동 개발 파트너인 도쿄전력에 40대의 업무 차량을 납입하는 등 실적을 쌓아왔다. 이때 개발된 자동차 [RIe]는 2008년 6월에 도쿄에서 홋카이도 도야코까지 858.7km를 EV 주행하였는데 그때의 전기요금은 모두 합쳐 1,713엔이었다고 한다.

◆ 플러그인 스텔라의 주요 스펙

전장×전폭×전고	3,395mm×1,475mm×1,660mm
차량중량	1010kg
승차정원	4명
최고속도	100km/h
주행거리	90km
모터	영구자석식 동기형
최고출력	47kW
최대토크	170N┌m
구동방식	전륜구동
배터리종류	리튬이온 배터리
총전압	346V
총전력량	9kWh

플러그인 스텔라 EV▶

스즈키

환경 친화 자동차의 개발을 시작한 것은 타사에 비하여 늦었지만 2010년 6월부터 [스위프트 플러그인 하이브리드]의 양산을 시작하여 약 100대를 판매하였다. 이 모델은 엔진을 탑재하지만, 콤팩트 카에 경자동차 전용 사이즈로 작기 때문에 오로지 발전용으로만 사용했다. 실질적인 전기자동차로서는 그 후 [스위프트 레인지 익스텐더]로 차명을 변경하여 출시하였다.

스즈키의 앞으로의 동향으로서 주목되는 것은 2009년 12월에 독일의 폭스바겐과 맺은 포괄적 제휴에 대한 기본 계약일 것이다. 그룹 기업적인 파트너십Partnership에 의해 하이브리드 자동차나 전기자동차 등의 환경 기술에서도 협업해 갈 가능성이 있고 그것이 본격화되면 세계시장을 향한 전기자동차의 생산이라는 전략이 발표될지도 모르겠다.

▲ 스위프트 레이니 익스텐더 EV

▲ 스위프트 레이니 익스텐더 하이브리드

◆ 스위프트 레인지 익스텐더의 주요 스펙

전장×전폭×전고	3,755mm×1,690mm×1,510mm
차량중량	1,190kg
승차정원	5인
엔진 배기량	660cc
모터	교류 동기 전동기
모터 출력	55kW
모터 최대토크	180Nm
충전 소요시간	약 1.5시간/100V, 약 1시간/200V
배터리종류	리튬이온 배터리
전리(電離)용량	2.66kWh
플러그인 하이브리드 연료소비율	37.6km/ℓ
하이브리드 연료소비율	25.6km/ℓ
EV 주행 환산거리	15km

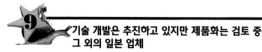
 다이하스

1965년부터 전기자동차의 개발을 시작하였고 1968년에는 경트럭 사양인 하이제트 EV의 판매를 개시하기도 하였으며, 전동 골프 카 등의 개발과 판매도 해온 메이커이지만 새로운 타입의 전기자동차 개발에 대해서는 아직 발표를 하지 않고 있다.

한편, 다이하스의 전기자동차로서 유명한 것은, 1970년 오사카 만국박람회나 1975년의 오키나와 해양박람회에서 활약한 투어 차량이다. 오사카 만국박람회에서는 275대가 제공되었고, 박람회장 안에서 수송에 활약을 하였다. 최고시속이 15km정도였기 때문에 납축전지라도 1회 충전으로 135km 정도 주행할 수 있었다고 한다.

구세대 전기자동차이긴 하지만 그런 경험이 있는 메이커인 만큼 앞으로의 동향이 주목된다.

히노자동차

소형~중형 트럭인 [dutro], 대형 관광버스 [selega], 대형 노선버스 [Blue Ribbon City]의 시리즈에 하이브리드 자동차를 투입하였다. 히노는 상용차의 전동화에 대해서 현시점에서 배터리의 에너지 밀도를 감안하여 단거리를 주행하는 경량인 차량이면 실현이 가능하다고 생각하고 2011년의 도쿄 모터쇼에도 컨셉카 "**히노 eZ-CARGO**"를 출전시켰고 2013년 2월 초저상 앞바퀴 구동의 EV 소형 트럭을 개발하여 실용 가능한 차량으로 구현하였다.

그리고 전국 마을버스로서 전국에서 활약하고 있는 전동 소형버스 "**히노 폰초 EV**"를 2013년 퍼시픽 요코하마에서 개최된 "**자동차 기술전 사람과 자동차 테크놀로지 2013**"에 출전하였다.

▲ EV 소형 트럭

◆ **EV 소형 트럭의 제원**

전장×전폭×전고	4,510mm×1,830mm×2,300mm
최저 지상고	440mm
하대 길이×폭×높이	2,830mm×1,685mm×1,800mm
차량중량	2,330kgf
최대 적재량	1,200kgf
승차정원	3인
차량 총중량	3,695kgf
모터	교류 동기 전동기
모터 출력	70kW
모터 최대토크	280Nm
완속충전 소요시간	약 8시간/200V
급속충전 소요시간	약 45분(50kW)
배터리 종류	리튬이온 배터리
배터리 용량	28kWh
배터리 전압	350V
최고 속도	60km/h

▲ EV 소형 마을 버스

대기업과 새로운 신흥 강자
미국 메이커

적극적인 움직임을 보이는 제너럴 모터스

전기자동차의 경우에는 미국의 자동차업계도 강한 관심을 보이고 있다. 최근의 모터쇼에서는 전기자동차 관련 메이커가 부스를 늘려가고 있어서 그 구역은 [전기 거리]라고 불리며, 인산인해를 이룰 정도이다. 가솔린 자동차 시장이 큰 성장을 보이지 않는 현재 전기자동차에서 활로를 찾으려고 하는 분위기가 느껴진다.

대기업 메이커 중에서 일찍부터 적극적인 움직임을 보이고 있는 곳은 제너럴 모터스이다. 플러그인 하이브리드 자동차인 쉐보레 볼트를 2010년 시장에 투입하여 화제가 되었지만 사실은 1980년대 후반부터 전기 구동식 자동차의 개발을 추진하고 있었으며, 1990년 로스앤젤레스 모터쇼에서는 임팩트라는 컨셉트 모델을 이미 출품한 바 있다.

그 후 [EV1]이라고 이름을 바꾸어서 개발을 계속 하였고, 1996~1999년에 걸쳐서 650대 정도를 리스 방식으로 시장에 투입하기도 하였다. 그러나 EV1은 초기에 전원으로 납배터리를 사용하였고(후기에는 니켈수소 배터리로 변경), 동력은 교류 유도 모터였지만 신세대 전기자동차라고 당당히 말할 수 있는 스펙은 아니었다. 그런 이유에선가 2003년경에 개발 프로젝트는 중단되었다.

현재는 완전한 전기자동차가 아니라 쉐보레 볼트를 중심으로 판매 전략을 전개하는 중이며, 서서히 시장을 확대하고 싶다고 생각을 하는 듯하다.

포드의 경우, 2011년에 포커스를 베이스로 한 전기자동차를 출시하게 되었고, 그 밖에 크라이슬러도 산하에 있는 피아트의 [500]을 베이스로 한 전기자동차 개발 생산을 북미에서 진행하겠다고 발표하였다.

◀쉐보레 스파크
전기자동차

◀쉐보레 볼트
전기자동차

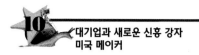
IT에 이어서 EV에서도 벤처 기업이 탄생

미국에서 주목할 만한 움직임으로는 실리콘 밸리를 중심으로 EV 벤처라고 할 수 있는 새로운 전기자동차 메이커가 탄생하였다는 점이다. 대표적인 것이 토요타와도 제휴하고 있는 테슬라 모터스로 2008년에 스포츠카 타입의 테슬라 로드스터의 판매를 시작하였고 이어서 세단 타입의 테슬라 모델 S의 제조 판매도 진행하였다.

로드스터는 가격이 약 1억 원(9만 8000달러)이나 하는 고급 자동차이지만 고소득층 등의 지지를 받아 650대를 수주하여 생산 범위를 넘어서는 주문을 달성하였고 그로 인해 납품이 제때에 이루어지지 않기도 하였다. 전원은 리튬이온 배터리이며, 원동기는 동기 모터가 아니라 교류 유도 모터를 사용하고 있다는 점에서 국내 메이커의 전기자동차와는 다르다. 1회 충전으로 주행할 수 있는 거리는 약 378km라고 한다.

또 다른 회사로는 2009년에 경영 부진에 빠진 GM공장을 매수하여 화제가 된 피스커Fisker Automotive도 주목을 받고 있다. 현재는 플러그인 하이브리드 스포츠 세단 [카르마]라는 차종을 개발 중으로 리튬이온 배터리만으로도 약 80km의 주행이 가능하다고 한다. 가솔린 주행이라면 연비는 1리터당 42.5km라는 정보도 있고, 약 8천만 원이라는 고가의 자동차이지만 기대를 한 몸에 받고 있다.

◀ 피스커 카르마 EV

◀ 테슬라 로드스터

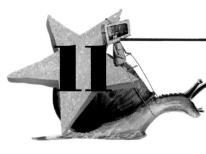

저공해형 디젤 자동차와 전기 자동차의 양립
유럽의 메이커

유럽의 전기자동차 개발을 리드하는 BMW

유럽은 선진적인 환경 정책이 지지받는 지역이므로 구세대형 혹은 소형 전기자동차는 여러 가지 형태로 계속해서 이용되어 왔다. 그러다가 가솔린 자동차의 대체로서는 저공해형 디젤 자동차가 주류가 되었기 때문에 하이브리드 자동차나 신세대 전기자동차의 개발에는 소극적인 메이커가 많았다고 생각한다. 그러나 오늘날에는 새로운 움직임이 보이고 있다.

전기자동차의 개발에 주력하는 메이커로서는 독일의 BMW를 들수 있다. 2008년 11월 미국 로스앤젤레스 모터쇼에 출전한 전기자동차 실험 차량 [미니 E]는 최고시속이 150km 이상으로 아우토반에서의 주행도 고려한 스펙이다. 또한 250kg의 리튬이온 배터리로 180km의 주행거리를 달성하였다.

이 차량을 베이스로 한 양산차를 2013년 이후 전 세계에서 출시하며, 여러 나라에서 시승 이벤트를 개최하는 등 적극적으로 어필하고 있다. 그리고 엔트리 모델인 [1 시리즈]를 베이스로 한 전기자동차나 도시 생활자용의 소형 전기자동차 [메가시티(Megacity)] 등의 개발도 추진하고 있다. 2010년 11월에는 전기자동차 사업을 확대하기 위하여 약 4,500억 원을 새롭게 투자하며, 공장 확대와 직원의 신규 고용을 실시한다고 발표하였다.

▲ BMW 미니E와 미니

▲ BMW i3 EV(1)

▲ BMW i3 EV(2)　　　　　　　　　　　▲ BMW i3 EV(3)

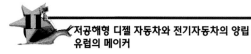
폭스바겐은 가장 자신 있는 콤팩트 카로 승부

BMW와 나란히 전기자동차 개발에 힘을 쏟고 있는 업체는 역시 독일의 폭스바겐(VW)이며, 폭스바겐은 2009년 2월에 일본의 도시바와 협력관계를 구축하였다. 도시바는 전기자동차에 없어서는 안 될 배터리나 모터, 인버터, 전장품 등의 기술을 갖고 있기 때문에 유럽뿐만 아니라 전 세계의 자동차 시장에서 큰 자리를 차지하는 폭스바겐과의 파트너십은 큰 주목을 받았다.

폭스바겐의 전기자동차 개발 프로젝트 컨셉은 [New Small Family]로서 온갖 콤팩트 카의 카테고리로 압축한 제품화를 추진하고 있는 것 같다. 그중 하나가 [E-UP!]인데, 성인 3명과 어린이 1명이 여유롭게 탈 수 있는 사이즈로 설계되었다. 최고속도는 시속 135km, 주행거리는 130km로 BMW의 미니E 보다는 성능을 줄인 것이 특징이다.

2013년에 시판되었으며, 이 카테고리에서는 많은 실적이 있는 메이커인 만큼 미국, 유럽 시장에도 투입되는 닛산 리프와 경쟁할 것으로 예상된다. 한편, 폭스바겐에서는 [골프]나 [제타]를 베이스로 한 전기자동차의 양산도 계획하고 있다.

그 밖에, 유럽에서는 독일의 다임러가 [스마트]의 EV 버젼을, 프랑스의 르노가 상용 밴 타입의 전기자동차 [캉구 익스프레스 Z.E.]을 시장에 투입한다고 발표하였다.

◀벤츠 스마트 EV

◀르노 캉구 익스프레스
ZE(1)

◀르노 캉구 익스프레스
ZE(2)

국가 전략으로서 전기자동차의 개발을 추진
중국 메이커

 정부가 지원하여 개발한 기술로 기업화 하다.

중국에서의 전기자동차 개발은 원래 국가사업이었다. 덩샤오핑 시대인 1980년대 중반 해외시장에서도 팔릴 수 있는 제품을 만들려고 시작된 국가 하이테크 연구발전 계획에서 연료전지 자동차, 하이브리드 자동차의 연구를 실행하였으며, EV 주행에 필요한 기술 등의 축적을 계속해왔다.

배터리나 휴대전화 부품 등의 전기·전자 부문과 자동차 부문, 양쪽 모두 갖고 있는 BYD와 같은 유력 기업이 생겨난 배경에는 이처럼 정부에 의한 강력한 지원이 있었다. 덧붙이자면 BYD는 자동차용 리튬이온 배터리의 개발에서는 폭스바겐 그룹과 자동차 본체 개발에서는 메르세데스 벤츠와 제휴하는 등 만만치 않은 세계 전략을 전개하고 있다.

2010년 4월에 열린 베이징 자동차 쇼에서는 가솔린 자동차에 있어서 중국 3대 메이커 중 하나인 상하이 자동차와 폭스바겐 그룹의 합병기업인 상하이 VW가 중국전용 모델 라비다를 베이스로 한 전기자동차를 출전하였다. 라비다 EV의 시스템이 어디까지 중국의 기술에 의하여 만들어지고 있는지는 알 수 없지만 고속 주행이나 회생 브레이크의 성능 등은 타기업의 전기자동차와 비교하더라도 손색이 없다고 하며, 앞으로의 동향이 주목을 받고 있다.

중국이 전기자동차 개발에 힘을 쏟는 또 하나의 이유

중국 자동차 메이커의 경우 미국을 중심으로 한 세계시장에서는 아직 큰 매력을 느끼지 못한다. 미래가 어떻게 될지는 모르지만 현재는 중국 내수용으로 특화한 제품을 만들고 있는데, 미국, 일본, 유럽의 고급차들과 직접적인 경쟁은 피하는 것이 우선이라고 생각하고 있기 때문인 듯하다. 그런데 이 중국 내수 시장 중시의 전략이 전기자동차의 개발을 서두르게 하는 이유가 되기도 한다.

▲ BYD e6 전기자동차
　운전석

◀ BYD e6 전기자동차

중국은 2009년 기준 세계 5위의 산유국이지만 남은 매장량이 13위까지 떨어진데다가 급격한 소비량 증가로 인해 석유는 이미 부족하고 이 때문에 아프리카 여러 나라의 정치 혼란을 틈타 유전 개발에 나서고 있어서 해외로부터 비판받는 경우조차 있었을 정도이다. 현재 중국 국내에서 소비하는 석유의 반 이상을 수입에 의존하고 있다.

반면에 석탄은 중국 국내에서 상당한 양을 확보할 수 있기 때문에 그 비율을 높이는 것이 국가적인 에너지 전략이 되었다. 전기자동차라면 석탄 화력으로 만들어지는 전력을 이용할 수 있으므로 귀중한 석유 소비량을 줄일 수 있을 것이다.

그리고 지금은 연간 판매대수에서는 세계 최대가 된 중국 국내의 자동차 시장에서 실적을 쌓으면 중국제 전기자동차가 사실상의 표준(de facto standard)이 되어 글로벌 시장을 석권할 수도 있는 가능성이 있다. 가솔린 자동차에서는 미국, 일본, 유럽의 메이커를 이기기 어렵겠지만 전기자동차라면 매우 유리한 입장이다. 그러므로 앞으로도 국가의 강력한 뒷받침에 의해 전기자동차의 개발이 진행될 것이라는 것은 틀림이 없다.

BYD e6 ▶

전기자동차의 보급과 관련 비즈니스

전기자동차가 보급되면 사회나 경제에 여러 가지 변화가 생긴다.
특히 큰 규모의 산업으로 성장한 자동차 부품업계의
판도가 바뀌는 것은 필연적이다.
더욱이 이제까지는 자동차나 교통과의 관계가 별로 없었던 업계도
비즈니스 기회가 찾아올지 모른다.

자동차 부품 메이커의 세력판도가 바뀐다?

자동차 산업의 대부분은 부품 메이커

1대의 자동차는 대략 2만 가지의 부품에 의하여 구성되지만 완성차 업체는 그 중 약 90%를 다른 회사에서 조달하고 있다. 따라서 자동차 산업이라고 말할 때에는 현대, 르노삼성 등의 완성차 메이커만을 가리키는 것이 아니라 여러 부품 메이커나 소재 메이커 등을 포함한다. 최근에는 가솔린 자동차라도 전장품이나 컴퓨터 시스템이 많이 탑재되고 있으므로 자동차 업계의 저변은 점점 확대되어 가는 중이다.

그렇다면 자동차의 제조에는 어떤 부품이 필요한 것일까. 가솔린 자동차와 전기자동차를 비교하여 알아보자.

◆자동차의 주요부품◆

구분	가솔린 자동차	전기자동차
파워플랜트 (원동기)	엔진, 스타터 모터 배전기, 점화 코일 점화 플러그 등	전기 모터
에너지 플랜트	연료 탱크, 연료 펌프 인젝터 등	리튬이온 배터리 송전 배전 시스템 등
제어계통	엔진 컨트롤 유닛 (ECU)	통합 제어 시스템 인버터
흡기계통	스로틀 밸브 에어클리너, 터보차저 등	불필요
배기계통	배기가스 재순환장치 (EGR) blow-by 가스 환원장치(PCV) 배기가스 정화장치 베기 매니폴드, 머플러 등	불필요
냉각계통	라디에이터, 워터 펌프 냉각수 온도 조절기 등	공랭식의 간소한 것이나, 불필요

구분	가솔린 자동차	전기자동차
냉각계통	라디에이터, 워터 펌프 냉각수 온도 조절기 등	공랭식의 간소한 것이나, 불필요
윤활계통	오일펌프, 오일 필터 오일 스트레이너 등	간소한 것으로 OK
구동계통	트랜스미션(변속기) 클러치, 토크 컨버터 프로펠러 샤프트, 드라이브 샤프트 디퍼렌셜 등	간단한 변속기 또는 불필요 모터 위치에 따라 동력 전달 장치는 필요 (인휠 모터라면 불필요)
섀시계통	서스펜션, 스티어링 시스템 휠, 타이어 등	가솔린 자동차와 같다
제동계통	브레이크 시스템	가솔린 자동차와 같다 엔진 브레이크 대신에 회생 브레이크를 사용
안전계통	조명 시스템, 와이퍼, 미러 시트, 시트벨트, 에어백 등	가솔린 자동차와 같다
차체계통	보디(금속, 유리, 수지) 도어, 도장 등	가솔린 자동차와 같다
편의계통	에어컨, 내비게이션, 오디오 등	가솔린 자동차와 같다
보조전원	납 배터리 alternator (발전기) 전력계 제어시스템	보조 배터리 보조 전원 제어시스템

표를 보면, 파워 플랜트와 에너지 플랜트가 결정적으로 다르다는 것은 당연하더라도 제어계통이나 구동계통 등 자동차를 달리게 하는 데 중요한 부품 역시 상당히 달라진다는 것을 알 수 있다. 그리고 흡기계통, 배기계통, 냉각계통, 윤활계통 등에선 엔진 자동차 특유의 기구 대부분이 불필요하게 된다. 연료를 연소시킬 필요가 없는 전기 모터에서는 공기를 빨아들여 토해내지 않더라도 출력을 낼 수 있고, 발열도 엔진과는 비교가 되지 않을 정도로 적다. 그리고 복잡한 메커니즘이 없어지므로 윤활계통도 간단해 진다.

이 원고를 쓰기 전 엔진 자동차의 구조에 대한 책을 다시 살펴보았는데 반 이상의 내용이 전기자동차 시대에는 그 부품들이 불필요하거나 혹은 그다지 중요하지 않게 된다는 내용이었다. 즉 기존의 부품이 사용되지 않게 되고 대신에 원동기용 모터나 대용량 배터리, 고도의 제어시스템 등 새로운 부품들이 탑재되는 것이다. 따라서 자동차 산업 업계의 지도도 변화해 갈 것은 말할 것도 없다.

가솔린 자동차와 전기
자동차의 주요 부품 ▶

부품 가짓수는 감소하고 업체 수는 증가한다.

설명했듯이 전기자동차에서는 가솔린 자동차의 엔진과 엔진 주변 기기 대부분이 불필요하게 된다. 현재의 전기자동차는 아직 개발 중인 과도기 제품이므로 꼭 필요하지 않은 부품들이 많지만 그래도 가솔린 자동차의 반 정도이다. 최종적으로는 3분의 1인 7,000가지 이하가 된다는 예측이 있다.

그런데 이것은 어디까지나 일반 도로에서 고속도로까지 쾌적하게 달릴 수 있는 자동차(소형 자동차 이상)를 말한 것으로 경자동차나 미니카 등에서는 부품 가짓수를 보다 더 적게 할 수 있다. 이렇게 설계, 조달, 제조에 드는 수고와 시간이 가솔린 자동차 시대보다 큰 폭으로 경감된다는 점에서 이제까지 자동차 업계 진출에 결단을 내리지 못했던 기업이 [EV 벤처]로서 잇달아 참여하고 있는 것이다.

그러나 시판 자동차의 경우는 엄격한 안전 기준이나 내구성이 요구되므로 기존의 자동차 메이커들과 대등한 승부를 하는 것은 쉬운 일이 아니다. 혼다조차도 4륜 자동차 사업을 궤도에 올려놓기까지는 설립부터 20년 이상이 걸렸다. 즉, 그만큼의 기간에 걸쳐서 노하우를 축적하지 않으면 살아남을 수 없는 세계인 것이다.

자동차 부품 업체들의 성장과 하락

전기자동차 시대가 되면 가솔린 자동차용 대부분의 부품이 불필요해지거나 간소화되고 부품 수도 적어질 것이다. 그렇게 되면 제품의 가격이 저렴해져도 좋을 것 같은데 현실은 반대로 지금의 전기자동차는 상당히 비싸다. 그 이유는 부품 수가 적어도 개별적으로 비싼 것이 있어 전체 가격이 올라가기 때문이다.

이제부터는, 기존의 자동차용 부품으로 판매되고 있던 것이 팔리지 않게 되고 반면에 비싼 부품이라도 필요한 것은 팔리게 되기 때문에 전기자동차 시대가 다가오면 자동차 부품 업체는 성장하는 쪽과 하락하는 쪽으로 명확하게 나누어질 것이다.

성장하는 쪽은 대표적으로 배터리 메이커일 것이다. 현재도 전기자동차 가격의 반 가까이(때에 따라서는 반 이상)가 배터리 구입비용이라고 할 수 있으므로 시장의 확대와 더불어 매출이 급증해갈 것이다. 그러나 아직 치열한 개발 경쟁이 진행 중이므로 수익성이 반드시 높다고는 말할 수 없다.

그 다음이 모터 메이커인데 전기 모터는 이미 오래된 기술이므로 완성 자동차 메이커가 자비로 개발하거나 전기업체와의 공동 개발이라는 형태를 취하는 케이스가 늘고 있다. 따라서 새롭게 모터 메이커를 설립하여 수익성을 높이는 전략은 불확실하다. 전기자동차용 교류 동기 모터를 만들 수 있는 회사는 이미 전 세계에 많으므로 신규 투입은 어려울 것 같다.

교류 동기 모터는 전기자동차 외에도 공장의 생산 설비부터 가전제품까지 다양한 곳에서 사용되고 있어 이미 큰 시장을 확립하고 있다. 따라서 그곳에 자동차용이 추가된다고 해서 특별한 급성장은 없을 것이다.

그 밖에 기존 자동차 부품 메이커에서도 전장품을 취급하고 있는 업체는 전기자동차에 대응한 새로운 제품을 개발해나갈 수 있다면 성장 가능성이 높다. 안전계통이나 편의계통 기기나 시스템은 가솔린 자동차에서나 전기자동차에서나 수요가 있으므로 변화는 없다. 반대로 엔진 주변이나 구동계통에 관한 부품들은 당연히 시장이 축소되어갈 가능성이 크다.

단, 여기서 성장하는 쪽과 하락하는 쪽이라고 말 한 것은 전기자동차의 보급 속도가 좀처럼 예상하기 어렵고 상용차나 특수차량까지 포함하면 간단히 10%, 20%라는 시장 점유율에 이르지는 않을 것이라고 생각하기 때문이다. 따라서 엔진 주변 부품의 매출도 완만하게 하락할 뿐 지금 바로 자동차 산업의 업계지도가 변하는 것은 아니다.

핵심 부품인 배터리와 모터는 어디에서 만들까?

 전기자동차 업체와 배터리 메이커의 친밀한 관계

전기자동차에서 가장 중요한 부품은 배터리이다. 심지어 [EV는 배터리 기술이 전부다]라고 단언하는 사람조차 있을 정도이다.

확실히 모터는 전기 메이커에서 범용품을 사오더라도 그다지 큰 성능의 차이가 없지만 배터리는 조금이라도 용량(에너지 밀도)이 높고, 비용이 저렴한 것을 만들 수 있다면 그것을 탑재한 전기자동차가 큰 어드밴티지를 발휘할 수 있다. 그래서 전기자동차를 양산하려고 하는 자동차 업체는 대기업 배터리 회사나 종합 전기 메이커와 강력한 팀을 이루고 새로운 배터리 개발에 힘을 쏟고 있다.

◆주요 전기자동차 업체와 배터리 메이커의 제휴관계◆

완성차 업체	배터리 메이커	합병으로 설립된 배터리제조회사
현대자동차	LG 화학	
기아자동차	LG 화학	
한국GM	LG 화학	
토요타 자동차	파나소닉	Prime Earth EV Energy (PEVE)
닛산 자동차	일본전기 NEC 에너지 디바이스	오토모티브 에너지 서플라이(AESC)
혼다	GS Yuasa 파워 서플라이	블루 에너지
미쓰비시 자동차	GS Yuasa Corporation	리튬 에너지 재팬
폭스바겐 아우디 (아우디는 VW 산하)	도시바 산요전기	
제너럴 모터스	Compact Power (LG 화학의 미국 자회사)	

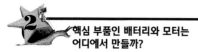
배터리 메이커 중에 미쓰비시 자동차와 제휴하고 있는 GS Yuasa Corporation은 일본전기와 Yuasa Corporation의 경영통합에 의해 2004년에 만들어진 배터리 메이커로 자동차용 배터리(납축전지)에서는 일본 내에서 상당한 점유율을 차지하고 있다. 혼다와 제휴하고 있는 지에스 유아사 파워 서플라이는 100% 출자한 자회사인데, 경쟁 관계에 있는 두 회사의 개발 정보가 누설되어서는 안 되기 때문에 굳이 조직을 나누게 된 것이다. 그 정도로 자동차용 배터리의 개발경쟁은 아주 치열하다.

자사 개발파 or 외부 구입파

모터는 배터리에 비하면 성능에 따른 차별화가 어렵지만, 그래도 대기업의 자동차 업체 중에는 0.1%라도 효율이 높아지면 성능 향상으로 이어진다고 판단하며, 자사 개발만을 고수하는 곳이 적지 않은 것 같다.

이것은 자동차 업체의 프라이드 때문만은 아니다. 제품의 심장부인 원동기 기술은 사내에 축적해두고 싶다는 전략상의 판단과 중요한 부품 중의 하나이므로 안정적인 공급에 대한 보증이라는 목적이 있다고 생각한다. 이것은 가솔린 자동차의 심장부인 엔진도 마찬가지로 외부로부터 구입이 가능하더라도 주력 모델에 대해서는 자사가 직접 개발하는 것이 당연하였다.

그런데 이와 같은 자사 개발파가 있는 반면에 배터리는 물론 모터, 인버터, 제어 시스템에 이르기까지 전기자동차의 파워 트레인 일체(EV 시스템)를 외부로부터 통째로 조달하려는 자동차 업체도 있다. 아무래도 대기업인 종합 전기 업체에게 개발을 맡기는 쪽이 무리하게 설비투자를 할 필요가 없고 사업 리스크를 줄일 수 있다는 전략에서라고 생각한다.

이런 회사들을 위하여, 전기 업체 쪽에서도 적극적으로 EV 시스템을 개발하여 판매하려고 하고 있다. 처음에는 신흥 EV 벤처 기업이나 다른 업종에서 진입하려고 하는 회사, 즉 자동차 메이커로서 경험이 적은 회사가 타깃이었지만 최근에는 기존 대기업 자동차 회사와 공동으로 개발하는 케이스도 늘어나고 있다.

자동차 회사 중에는 그다지 전기자동차에 흥미가 없지만 회사로서 환경 문제에 열심히 대처하고 있는 자세를 보이고 싶어서 조급히 전기자동차의 판매 실적을 올리려는 곳도 있으며, 새로운 비즈니스에 적극적인 전기 업체와의 사이에서 이해관계가 일치하고 있는 곳도 있다.

그런 점에서 앞으로는 배터리 및 모터도 자사개발이라는 기술 지향형 자동차 메이커와 구매할 수 있는 것은 가능한 한 외부로부터 조달한다는 경영 효율 우선형인 자동차 메이커로 분명하게 나뉠 것이라는 생각이 든다.

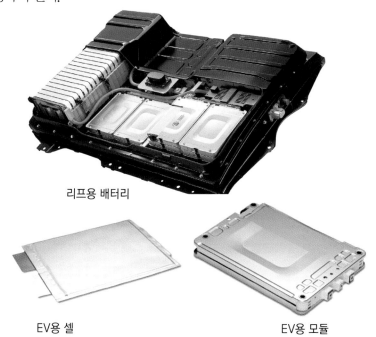

리프용 배터리

EV용 셀

EV용 모듈

◀다양한 EV용 배터리의 제품

전기자동차 시대에 새롭게
성장하는 인프라 산업

충전 서비스에 장밋빛 미래만 있는 것이 아니다.

전기자동차의 보급에 의해 완전히 새롭게 태어날 비즈니스로서는 [충전 서비스]가 있다. 처음엔 익숙함의 문제에서 기존의 주유소가 중심이 되어 급속충전기를 병설해가겠지만, 앞으로는 확연히 달라질 것으로 보인다.

전기자동차에 대한 서비스만 필요하다면, 현재의 주유소처럼 지하에 큰 연료탱크를 설치한 특수한 시설이 필요하지는 않다. 또한 충전은 방전·발화의 가능성이 있으므로, 오히려 가연물이 없는 곳에서 하는 것이 안전하다. 정비센터를 함께 운영하는 주유소에선 오일 교환 등으로 수입 창출을 하기도 하지만 역시 전기자동차와는 거리가 먼 얘기이다.

충전 작업 자체는 충전기와 자동차의 플러그를 케이블로 연결하고 스위치를 켜주기만 하면 되므로, 운전자가 스스로 할 수도 있다. 따라서 편의점의 주차장 한편에 충전코너를 설치하고, 점원이 틈틈이 대응하는 것만으로도 충분하다. 위험물을 다루는 것이 아니므로 특수한 자격도 필요 없다. 그 결과 시내에 우후죽순 충전서비스 시설이 늘어나게 되면 전기자동차 사용자에게는 환영할 만한 상황이 발생할 지도 모르겠다.

그런데 이런 현상이 무조건 낙관적인 미래만을 그리는 것은 아니다. 우려스러운 것은 [충전서비스가 장사가 될까?]라는 점이다. 과연 기대만큼의 수입이 얻어질 수 있을까. 급속충전이라도 하려 하면 30분 가까이 자리를 차지해야 한다. 공간이 협소하다면 그 사이 다른 자동차는 이용할 수 없으므로 전기료, 설비 도입 비용, 인건비에 주차료까지 포함해야 해서 적정 요금을 어떻게 계산해야 할 지 복잡해진다.

그런데 사용자가 자택에서 충전한다면 기본 전기요금의 지출만으로 충분하다. 심야 전기를 이용하면 비용은 더 낮아진다. 다시 말해, 시내의 충전서비스는 자택에서 심야에 충전했을 때에 비해 몇 배의 요금이 발생하고, 더욱이 급속충전이므로 용량도 80%까지 밖에 채우지 못한다. 이래서는 정말이지 긴급할 때가 아니면 이용하지 않을 것이다.

더욱이 보급이 진행됨에 따라 전기자동차의 성능이 향상되고 주행거리가 늘어나면 늘어날수록 밖에서 긴급으로 충전할 기회는 줄어든다. 즉 충전 서비스는 전기자동차가 일반화되면 될수록 비즈니스 찬스를 잃어버린다는 얄궂은 결과가 될지도 모른다.

부가 서비스로 이익을 올리는 새로운 발상이 중요

충전 서비스만으로 수익을 올리는 것이 어려운 이상, 발상을 전환하지 않으면 안 된다. 일부러 30분간 정차하게 하는 것이 아니라, 처음부터 자동차가 있는 곳을 노리면 되는 것이다.

자동차가 30분 이상 주차하는 장소, 예를 들면 쇼핑 센터나 패밀리 레스토랑, 드라이브-인, 서비스 에어리어, 역 등이라면 셀프 충전기를 두고 필요 경비만을 부과하는 스타일의 서비스라도 장사가 된다. 많은 이익이 발생하지 않더라도 충전이 가능하다는 것을 세일즈 포인트로 많은 이용자를 모을 수 있기 때문이다. 또한

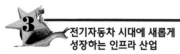

충전하는 손님은 확실히 30분 이상 점포 안에 있게 되므로, 이것 이야말로 큰 비즈니스 찬스로 이어진다.

사용자로서도 전기료+필요경비 정도로 충전 서비스를 받을 수 있다면, 충전 비용이 과도하게 비싸다는 느낌은 없어지고 납득하며, 요금을 지불할 수 있을 것이다. 또한 급속충전만이라면 전력 회사와 법인 계약을 하여 전기요금을 낮출 수도 있다. 또한 모든 사용자들이 풀 충전을 하는 것도 아니다.

또한 고객 서비스의 일환이라고 생각해 충전을 무료로 서비스하여 고객들을 더욱 더 모으는 전략을 세울 수도 있다. 충전 비용은 점포 안에서 고객 단가를 올리는 것으로 상쇄한다. 전기자동차가 당연하게 주행하는 시대가 되면 충전 서비스는 새로운 인프라 산업으로서 확실하게 성장한다. 그러나 성공할 수 있는 것은 그곳에 높은 부가가치를 부여할 수 있는 사업자만이다.

충전기 설치 ▶

전기자동차의 미래

요즘 화제가 되고 있는 전기자동차는 어떤 구조로 되어 있는지,
어느 곳에서 만들고 있는지를 설명하여 왔다.
이제 가까운 미래에 전기자동차가 얼마나 보급될 지,
시대적 흐름 등을 대입하여 예측해 보자.

전 세계 자동차 시장은 어느 정도의 규모일까?

전 세계에는 약 11억대의 자동차가 달리고 있다

전기자동차의 미래를 생각하기에 앞서 전 세계에 어느 정도의 자동차가 있는지 알아두도록 하자. 4륜 자동차 보유대수의 상위국 승용차와 상용차를 합쳐서 1,000만대 이상인 나라는 표2에 나타낸 것과 같다. 대략적으로 계산해보면, 현재 전 세계의 자동차 대수는 표1과 같이 된다.

◆표1 전 세계의 자동차 대수◆

전 세계 합계	약 11.4억대
북미	약 3억대 (멕시코 포함)
유럽	약 3.6억대 (러시아, 동유럽 포함)
아시아, 대양주	약 3.3억대(아시아, 오세아니아)
그 외	약 1.5억대 (남미, 중동, 아프리카)

이들 중 최근에 급격한 성장을 보이고 있는 중국과 인도를 포함한 아시아, 태평양은 머지않아 북미나 유럽과 같은 규모가 될 것이라고 생각한다.

전 세계의 자동차 시장을 분석하는 경우 판매대수로 보는 방법도 있지만 이 숫자는 경기 동향이나 시장의 성숙도에 따라 변화하기 쉽기 때문에 중장기적인 분석에는 적합하지 않다. 그러므로 위의 숫자를 대상으로 이 중에서 몇 %가 전기자동차로 전환할 수 있을지 생각해보고 싶다.

◆표2 세계 각국의 자동차 보유대수 2015년 기준(단위 천대)◆

순위	국가	보유대수	순위	국가	보유대수
01	미국	252,715	12	인도	25,011
02	중국	126,701	13	폴란드	22,897
03	일본	76,619	14	캐나다	22,334
04	독일	47,015	15	한국	19,401
05	러시아	44,029	16	인도네시아	19,200
06	이탈리아	41,830	17	호주	16,853
07	브라질	39,695	18	태국	13,922
08	프랑스	38,200	19	터키	13,615
09	영국	36,468	20	이란	12,740
10	멕시코	34,870	21	아르헨티나	12,457
11	스페인	27,155	22	말레이시아	11,809

1%만 새로 구입하더라도 이미 거대한 시장으로

자동차를 많이 보유한 나라 중 하이브리드 자동차나 전기자동차 등 에코 카에 적극적인 움직임을 보이는 나라는 일본을 들 수 있다. 프리우스와 인사이트가 판매대수에서 높은 순위에 랭크되어 있으며, 환경과 연비에 민감한 소비 패턴을 보이고 있다.

미국에서 하이브리드 자동차는 환경을 배려한 자동차로서 이미지가 매우 좋지만 아직까지 일반 운전자에게 눈에 띌 정도로 어필되지는 못 했다. 하지만 미국만으로 약 2억 5000만 대, 전 세계 자동차의 4분의 1을 보유하는 나라인 만큼 불과 1%가 전기자동

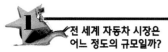

차로 바꾸기만 해도 250만대라는 거대한 시장이 탄생하게 된다. 미국은 중산층이 탄탄한 국가이므로 이 정도의 판매대수는 그다지 무모한 숫자는 아니다.

유럽은 아직 클린 디젤 자동차의 인기가 대단히 견고하고 하이브리드 자동차나 전기자동차의 시장은 크게 성장되어 있지 않지만 환경 문제에 관심이 높고 게다가 구매력이 있는 소비자가 많으므로 상품으로서 공급될 수 있다면 빠르게 보급되어 갈 것이다.

현재는 하이브리드 자동차를 포함한 전기자동차가 가솔린 자동차에 비해 비싼 상황이므로 미국, 유럽과 한국, 일본을 비롯한 지역의 사용자를 중심으로 성장하게 될 것이다. 따라서 이들 지역에 있는 사용자의 몇 %가 가솔린 자동차로부터 바꿔 탈지, 이 부분에 전기자동차의 미래가 달려있다.

Honda Fit ▶

Column

미국인이 정말로 전기자동차를 탈 것인가?

BRICs(브라질, 러시아, 인도, 중국) 등 신흥국의 성장이 현저하더라도, 세계 자동차의 산업을 움직이고 있는 것은 여전히 미국이다. 그중 가장 대표적인 예가 배기가스 규제로 미국 전체에서 가장 엄격한 캘리포니아 주의 방침에 따라 전 세계에서 개발되는 자동차의 방향성이 결정된다고 해도 과언이 아니다.

1990년에는 엄격한 ZEV법(Zero-Emission Vehicle = 무공해 자동차의 공급 비율을 일정 이상으로 의무화 하는 법률)이 시행되어 이것을 계기로 제1차 전기자동차의 개발 붐이 시작되었던 것이다. 이즈음의 전 세계 모터쇼에서는 전기자동차의 콘셉트 모델로 넘쳐났다. ZEV법은 그 후 석유회사로부터의 격렬한 로비나 세계적인 경기 침체로 인해 알맹이가 빠졌다고 비판받긴 했지만 2008년에는 새로운 법률로 개정되어 다시금 엄격한 것이 되었다.

이 법에 의하면 캘리포니아 주에서 시장 점유율이 높은 자동차 메이커는 2012 ~ 2014년에 2만 5000대 이상의 ZEV(현실적으로는 전기자동차만)를 시장에 공급하지 않으면 안 되었다(일부는 플러그인 하이브리드 카로도 대체 가능). 그 결과 전기자동차를 제품화하지 않으면 가솔린 자동차도 판매할 수 없게 되어서 2012년 이후 대부분의 메이커가 양산을 시작한다고 발표하기에 이른다.

그런데 이처럼 정부로부터의 움직임이 있는 반면 미국의 일반 소비자는 에코 카에 대하여 그다지 관심이 없다는 의견도 있다. 미국에서는 부유한 가정이 아니라도 2 ~ 3대의 자동차를 갖고 있는 경우가 많은데 가격에 민감하므로 비교적 비싼 에코 카는 처음부터 판매하기 어려운 것이다. 또한 보유하는 자동차가 많으므로 자택에 충전 설비를 설치하는 것도 어려울 수 있다.

자동차 사회인 미국에서는 직장이나 쇼핑센터에 광대한 주차장이 준비되어 있지만 너무 넓은 나머지 모든 공간에 충전 설비를 설치하는 것도 힘들다. 그래서 미국 시장에는 전기자동차 대신 플러그인 하이브리드 자동차로 대처하는 메이커가 많다. 하지만 구매력을 고려하면 미국은 전기자동차에 있어서 기대할만한 시장이며, 약 2억 5000만대의 자동차 중에서 어느 정도가 바뀌어 질지에 따라 전기자동차의 미래가 결정될 듯하다.

2 배터리는
교환하지 않아도 괜찮을까?

이미 시판 중인 플러그인 하이브리드 자동차의 경우

휴대전화나 노트북에서는 배터리의 성능이 떨어지면 교환을 할수 있다. 배터리에서는 충·방전의 횟수에 의한 수명이 있고, 과충전이나 과방전에 의해 상당히 열화 됨으로 길게 사용할 수는 없다. 그러나 2천만 원이나 하는 전기자동차의 배터리를 2~3년에 한 번씩 교환해야 한다면 그 지출은 무시할 수 없는 수준이다.

앞서 양산 시판되어 10년 이상의 실적을 갖고 있는 하이브리드 자동차는 어떻게 대처하고 있을까. 토요타의 프리우스에서는 공식 사이트의 Q&A에서 이렇게 설명하고 있다.

Q 구동용 니켈수소 배터리의 수명은 어느 정도입니까?

A 구동용 니켈 수소 배터리에는 수명이 있습니다. 수명은 차의 사용방법, 주행 조건에 따라 다릅니다. 보증은 신차를 등록한 날부터 5년간입니다. 그러나 그 기간 내라도 주행거리가 100,000km까지입니다.

이후 내용을 계속 살펴보면, 배터리를 교환했을 경우의 비용은 한국 돈으로 130만 원 정도라고 한다. 그러나 프리우스와 같은 니켈수소 배터리를 사용하는 하이브리드 카에서는, 배터리 용량의 10~20% 정도인 시점에서 충·방전을 반복하는 방법으로 배터리의 수명을 늘리도록 설계되고 있어, 보증기간인 5년을 초과하더라도 실제로 교환한 예는 그다지 많지 않다고 한다.

하지만 보조 전원용으로 탑재되어 있는 납축전지는 보통의 가솔린 자동차와 같이 4~5년마다 교환할 필요가 있으며, 비용은 40만 원 정도 드는 것 같다.

리튬이온 배터리는 교환 시기의 가격 인하에 기대

한편 전기자동차에 대해서는 닛산 리프 사이트의 Q&A에 이런 답변이 있다.

Q 닛산 리프의 배터리 수명의 보증은 몇 년입니까?

A 사용 상황에 따라 차이는 있지만 닛산 리프에 탑재되는 리튬이온 배터리는 5～10년 경과 시에 70～80% 정도의 잔존 용량을 예상하고 있습니다. 보증 기간에 대해서는 통상의 주요부품과 같은 자동차 부품으로서 적절한 기간을 검토 중입니다.

사실 예측 시간에는 상당한 폭이 있다. 전기자동차의 경우 하이브리드 자동차와 비교해서 대용량의 배터리를 탑재하고 있기 때문에 어마어마한 교환 비용을 예상하고 있는 사람도 있을 것이다. 물론 몇 년 후에는 배터리의 가격이 큰 폭으로 내려갈 것으로 생각할 수 있어 이 부분은 아직 유동적이지만 전기자동차의 유지 비용에 크게 영향을 주는 문제인 만큼 미래를 예상하는 중요한 포인트라고 말할 수 있다.

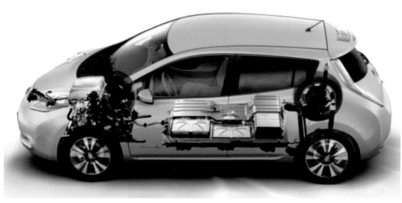

◀ 리프 리튬이온 배터리

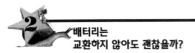
리튬이온 배터리의 사이클 수명(열화하지 않고 가능한 충·방전의 횟수)은 2,500 ~ 3,500회로 매일 충전한다고 하더라도 7~9년은 사용할 수 있다는 계산이 나온다. 실제로 배터리의 연구개발을 하고 있는 기술자 중에는 리튬이온 배터리는 바르게 사용하면 열화는 거의 되지 않기 때문에 사실상 교환은 거의 필요 없다고 단언하는 사람도 있을 정도이다.

그래서 이 부분은 낙관적으로 생각해도 좋을지 모르겠지만 올바르게 사용하기 위해서는 고도의 배터리 관리시스템이 필요하여 대기업 자동차 메이커만이 올바르게 잘 다룰 수 있는 전원인 것은 확실하다.

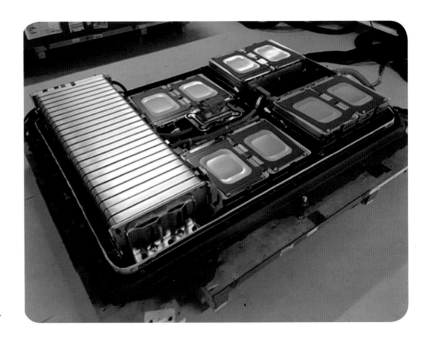

닛산 리튬이온 배터리 ▶

3 충전 시간의 문제는
어떻게 해결할 수 있을까?

 배터리 교환 방식은 자동차 업체도 소극적

배터리에 충전하는 방식인 이상 에너지 보급에 어느 정도의 시간이 드는 것은 당연하다. 급속 충전이라는 방법이 있긴 하지만 기본적으로는 [낮에 사용하고 밤에 충전]하는 것이 전기자동차의 표준 이용 패턴이 될 것 같다.

문제가 되는 것은 출퇴근 등의 일상적인 용도 이외에도 자동차를 사용하는 사람의 경우이다. 빈번하게 장거리를 운전하거나 가족의 공유 자동차로서 낮이나 밤이나 사용하는 일이 있는 경우에 긴 충전 시간은 역시 난관이 된다. 따라서 이것을 어떻게 해결할 것인지도 앞으로의 보급에서 큰 과제 중의 하나이다.

그 대책으로서 한때 생각되었던 것이 배터리를 교환하는 방식이었다. 자동차와 콘센트를 이어서 충전하는 것이 아니라 충전이 끝난 배터리 팩을 각지의 서비스 시설에 상비해두고 주유소에 들르는 느낌으로 배터리만을 교환하는 것이다. 이렇게 되면 건전지를 교체하는 것과 같은 것이므로 몇 분 만에 끝난다.

그러나 현재는 이 방식에 대해 부정적인 목소리가 더 많은 것 같다. 배터리는 전기자동차에서 가장 중요한 부품이기 때문에 지금도 계속해서 개량과 개선이 이루어지고 있어 건전지와 같은 표준화를 할 수가 없다. 그러므로 [배터리 교환소]에서는 각 차종에 맞는 배터리 팩을 여러 종류 준비해두어야 하는데 관리의 수고를 고려하면 전망 있는 비즈니스는 되지 못한다. 따라서 앞으로 수 십 년이 흘러 배터리의 개발이 완벽하게 일단락 될 때까지 무리인 것이다.

디구나 배터리의 중량도 고려하여야 한다. 현새의 선기자동차용 배터리는 1대당 200kg 이상이므로 사람의 손으로 쉽게 교환할 수 있는 것은 아니다. 더군다나 고전압 제품이므로 교환 시의 감전사고 등도 걱정해야 한다. 이상과 같은 이유에서 닛산에서도 배터리 교환 방식의 채용 계획은 없다고 공식적으로 발표하고 있어서 현재로서는 역시 시간을 들여서 충전할 수밖에 없는 것 같다.

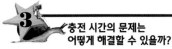조금씩이라도 충전할 수 있는 인프라가 갖추어지면 OK

그래서 기대되고 있는 것이 [어디에서나 충전]이라든지 [조금씩이라도 충전]이란 방식이다. 자동차의 사용 방법을 생각해보면 개인 운전자가 몇 시간이나 계속 운전하는 경우는 그다지 많지 않다. 예를 들면 서울–부산 거리를 이동할 때에도 중간에 한두 번 정도는 휴게소에 들러 휴식을 취할 것이다. 또한 시내에서 운전하고 있을 때에는 좀 더 빈번하게 정지를 한다.

따라서 자동차가 주차할 때마다 항상 충전할 수 있는 인프라가 갖추어져 있다면 사실상 주행거리를 신경 쓰지 않고 무한으로 달릴 수 있다. 예를 들면 직장이나 쇼핑센터, 레스토랑, 서비스 에어리어 등의 주차장에 충전 설비가 있다면 어떤 자동차라도 하루에 몇 시간은 그런 곳에 정차를 하게 되기 때문에 배터리가 방전될 것을 걱정하는 일은 없게 된다.

이러한 [조금씩이라도 충전]에서는 일일이 콘센트에 연결하는 것은 번거롭기 때문에 케이블을 연결하지 않는 와이어리스 급속 충전이라는 시스템이 기대를 받고 있다. 유도 전류를 이용한 비접촉 충전은 휴대 전화 등을 통해 가정 등에서는 이미 실용화되어 있으며, 전기자동차에서도 기술적으로는 문제가 없다고 한다.

와이어리스 충전이 일반화하면 그야말로 교차로 아래에도 충전 인프라를 매립하고 [신호를 기다릴 때마다 충전]하는 것도 가능하기 때문에 더 이상 주행거리에 신경을 쓸 필요가 없어지는 것이다.

▲ 비접촉 급속 충전 시스템(와이어리스 급속 충전)

4 안정적인 생산과 공급은 가능한 것일까?

모든 것이 배터리에 달려 있는 현재의 상황

하이브리드 자동차를 포함하여 전기자동차에서 대규모 사업을 전개하려는 자동차 업체가 배터리 메이커나 종합 전기 메이커와 밀접한 파트너십을 구축하는 중이라고 앞에서 설명하였다. 전기 자동차의 성능을 크게 좌우하는 배터리, 특히 리튬이온 배터리 개발의 성공 여부가 시장에서 승패의 열쇠가 되는 만큼 기술력이 있는 배터리 메이커에 대한 공략은 중요하다.

사실 개발만이라면 공동 연구팀을 출범시키면 되는 일이다. 그런데 기업들이 출자금을 내면서까지 합병으로 리튬이온 배터리의 전문 메이커를 신설하는 것은 제조까지 자사의 그룹 내에서 실행하여 생산을 안정시키기 위함이다.

리튬이온 배터리는 공업제품으로서는 상당히 애로 사항이 많은 제품이다. 왜냐하면 제조공정(특히 충전검사 공정)에서 발화할 위험성이 있기 때문인데 공장 내에는 액체 질소 소화설비가 의무화 되어 있다. 실제로 노트북이나 디지털 카메라용 리튬 배터리 공장에서는 몇 번인가 화재사고가 일어나기도 하였다.

그리고 제조 장치도 전용의 특수 장치가 많고 보안 설비가 엄중한 것은 물론 증설이 생산량의 확대로 바로 이어지기도 어려운 공장이라고 할 수 있다. 따라서 판매를 시작한 전기자동차가 큰 인기로 히트 상품이 되어도 공급을 늘리기 위해서는 몇 년이 걸린다.

이것은 니켈수소 배터리를 사용하던 프리우스도 마찬가지로 예상 이상의 주문이 쇄도했던 2009년에 증산을 결정했지만 생산 대수를 2배로 하기까지는 2년 정도가 걸렸다고 토요타가 발표했을 정도이다.

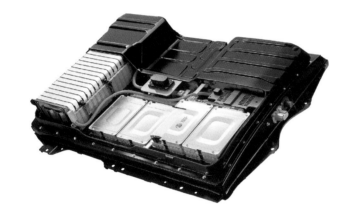

◀ 리프의 배터리 팩

◀ 전기자동차 리프

배터리의 적절한 재활용이 환경부하를 줄인다.

대용량 배터리의 불법 투기는 화재의 위험성이 있다.

가솔린 자동차에 비해 에너지 효율이 좋은 전기자동차인 만큼 운전 중의 환경부하는 상당히 낮다고 할 수 있다. 또한 엔진(내연기관)과 같이 정비 불량으로 연비가 급격하게 나빠지는 것도 아니기 때문에 안심하고 탈 수 있는 자동차이다.

그런데 단 한 가지 개선할 점이 있다면 배터리의 폐기나 재활용에 관한 대책이 아직 불충분하다는 것이다. 물론 하이브리드 자동차를 포함한 전기자동차는 현 단계에서는 그다지 연수가 경과한 것이 아니고 판매대수도 한정적이어서 사용자의 동향도 추적할 수 있으므로 불법 폐차될 염려는 적을지 모르겠다. 그러나 앞으로 많은 자동차가 시장에 나오면 전기자동차용 배터리의 회수와 재활용에 대한 사회적 시스템을 확립해야 한다.

EV 주행만을 하는 전기자동차용 배터리는 1대에 200kg에 달하므로 그대로 버려진다면 거대한 쓰레기가 된다. 특별히 독성이 높은 재료로 만들어져 있지는 않지만 염려가 되는 것은 내부에 남아있는 전기 에너지이다. 그로 인해 발화나 폭발에 따른 사고가 일어나면 사회문제가 된다.

재활용 비율을 높임으로써 환경부하를 경감시킨다.

리튬이온 배터리는 여러 희귀한 재료를 사용하고 있으며, 리튬은 비교적 안정적으로 생산되지만 대부분의 나라에서는 전량을 해외에서 수입하고 있다. 그리고 플러스(+)극 재료로서 현재 빼놓을 수 없는 코발트는 희토류의 일종으로 산지는 아프리카의 콩고 민주공화국이나 잠비아, 호주, 캐나다, 러시아 등 몇 개국에 불과하다. 그러므로 매우 고가에 거래되고 있다.

최근에는 코발트를 사용하지 않는 리튬이온 배터리 개발도 진행되고 있지만 부식성이 낮은 코발트는 가스 터빈이나 제트 엔진 등의 고온에 노출되는 금속부품의 합금재료로서 중요하고 공업국인 우리나라로서는 적절하게 회수하여 재활용하는 시스템을 정비하는 것이 필요하다.

리튬이온 배터리의 재활용은 리튬이 그다지 고가의 재료는 아니기 때문에 별로 추진되지 않는 것이 현재의 상황이다. 그러나 어떤 재료라도 가능한 한 재이용하는 것이 환경부하를 낮추는 지름길이므로 전기자동차를 진심으로 보급시키려면 이 부분의 대책도 아울러 생각해야 할 것이다.

● 예방 안전 시스템

밀리파 레이더와 카메라를 단안(單眼)을 융합하여 고정도의 검지 기능으로 안심하고 쾌적한 운전을 지원한다.

● 급제동 경보 시스템(ESS ; Emergency Stop Signal system)

엔진과 모터를 결합한 자동차. 엔진과 전기 모터가 결합된 하이브리드 시스템은 엔진과 구동용 배터리, 발전기, 모터, 인버터, 무단 변속기 등의 주요 유닛으로 구성된다. 구동용 모터는 변속기의 내부에 설치되어 있고 발전기는 엔진 측면에 설치되어 있다.

전기자동차
차세대 기술

19세기 말에 가솔린 자동차와 경쟁했던 구 타입의 전기자동차를 제 1세대,
고성능 배터리의 발명과 고도의 전력 제어 기술이 가능해진
현대의 전기자동차를 제 2세대라고 한다면,
이후에는 제 3세대, 제 4세대의 새로운 전기자동차가 이어질 것이다.
그 중에는 기존의 [자동차] 개념에 구애받지 않는 것도 있어서
사회까지도 크게 변해갈지 모를 일이다.

주행하면서 충전하는 미래의 자동차
커패시터 + 와이어리스 충전

배터리를 대신하는 커패시터 전원

전기자동차의 전원으로서 현재 주류가 되고 있는 것은 리튬이온 배터리지만 1회 충전으로 수백 km나 달릴 수 있는 대용량을 추구하지 않는다면 사실은 좀 더 최적인 전원이 있는데 바로 커패시터capacitor*이다.

커패시터는 콘덴서라고도 불리는데 그림과 같이 회로 중에 매우 짧은 간격을 두고 절연되어 있어 그 부분에 약간의 전하(전기량)가 축적된다. 따라서 배터리와 같은 용도로 사용이 가능하다.

● 커패시터
(capacitor)

배터리가 축전지(蓄電池)라면 커패시터는 축전기(condenser)라고 표현할 수 있으며, 전기 이중층 콘덴서를 말한다. 커패시터는 짧은 시간에 큰 전류를 축적, 방출할 수 있기 때문에 발진이나 가속을 매끄럽게 할 수 있다는 점이 장점이며, 시가지 주행에서 효율이 좋다. 그러나 고속 주행에서는 그 장점이 적어진다. 또한 내구성은 배터리보다 약하고 장기간 사용에는 문제가 남아 있으며, 제작비는 배터리보다 유리하지만 축전 용량이 크지 않기 때문에 모터를 구동하려면 출력에 한계가 있다.

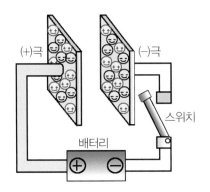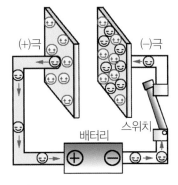

▲ 커패시터(콘덴서)

물론 전자부품의 하나인 커패시터(콘덴서)가 저장할 수 있는 전하는 매우 작으므로 회로를 흘러가는 미약한 전기의 조정밖에 사용할 수 없겠지만 여러 가지 방법을 연구하여 축적되는 전기 용량(정전靜電용량)을 높인 제품이 개발되면서 새로운 전력 디바이스로서 주목을 받고 있다.

그 중에서도 전기 이중층 커패시터(EDLC Electric double-layer capacitor)의 발명은 획기적인데 전해액 중에 활성탄 전극 등으로 절연 면을 만들고 그로 인해 생기는 전기 이중층을 이용하여 비약적으로 정전 용량을 향상시켰다.

커패시터는 배터리(축전지)와 달리 화학반응에 따라 전기 에너지를 화학 에너지로 변환하는 번거로운 절차를 밟지 않는다. 전기를 그대로의 형태로 저장하기 때문에 효율이 좋을 뿐만 아니라,

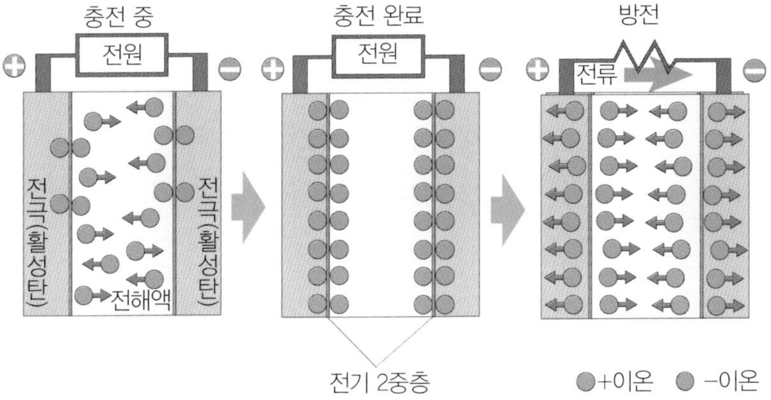

◀ 전기 2중층 커패시터의 구조

① 고속충전, 고속방전이 가능하다.

② 발열이 적어 안전성이 높다.

③ 화학반응을 수반하지 않기 때문에 열화가 적고 수명이 길다.

④ 단자 전압의 측정으로 기존 에너지 량을 정확히 알 수 있다.

⑤ 카본계 재료 등이 주로 사용됨으로 비용도 저렴하고 폐기했을 때의 환경부하도 적다.

등의 뛰어난 특징을 가지고 있다. 즉, 이것만을 생각하면 전기자동차에게 있어서 꿈의 전원인 것이다.

● 팬터그래프
(pantograph)

지붕에 장치한 마름모꼴로 접을 수 있게 짠 틀 위에 가선(架線)과 접촉하는 집전부를 갖춘 것인데 스프링 또는 압축 공기의 힘으로 가선이 밀착하도록 밀어 올리고 있다. 전자를 스프링 상승식, 후자를 공기 상승식이라고 한다. 대체적으로 전차에는 스프링 상승식을, 전기 기관차에는 공기 상승식의 팬터그래프를 사용한다. 팬터그래프는 각종 집전기 중에서 고속차량에 적합하다.

주행거리가 짧아진다는 점이 문제

물론 커패시터가 장점밖에 없다면 리튬이온 배터리의 개발에 온갖 수고를 할 필요는 없다. 하지만 유감스럽게도 커패시터의 중량 에너지 밀도는 1kg당 10Wh 이하로 최신식 리튬이온배터리가 약 120Wh인데 비해 그 10%에도 미치지 못한다. 즉, 같은 용량이라면 중량이 10배 이상이 된다는 뜻이다.

그러나 재료의 조달 비용이 낮아지면서 대형화하여 전기자동차의 전원으로 실용화한 케이스가 있기는 하다. 중국 베이징에서 달리는 커패시터 트롤리 버스가 그것이다. 1회 충전에 의한 주행거리가 승객이 가득 차고 에어컨을 사용하는 조건에서 3km 정도이므로 정류장에 멈출 때마다 30초 정도 팬터그래프pantagraph*를 올려서 전차 위의 가선으로부터 충전하고 있다. 즉, 충전하면서 주행하는 방식으로 짧은 주행거리를 커버하고 있다.

미래에는 커패시터의 개량이 진행되어 승용차 타입의 전기자동차도 주행거리를 수십 km까지는 늘릴 수 있다는 예측도 있지만 아직 확실한 것은 아니다. 그래서 반대로 충전기기 쪽을 진화시킨다면 어떨까 라는 움직임도 있다.

▲ 베이징 트롤리 버스

케이블에 접속하지 않는 와이어리스 충전은 현재도 가전제품 등에서 사용되고 있다. 이 기술을 응용하면 전기자동차에서도 충전이 가능하기 때문에 도로의 곳곳에 충전 설비를 매립하고 신호등에서 정차 중일 때 충전할 수 있다면 현재의 커패시터로도 충분히 전기자동차용 전원으로서 활용할 수 있는 것이다.

최근에는 리튬이온 배터리의 기술과 커패시터를 조합한 [리튬이온 커패시터]라는 하이브리드 제품도 개발되고 있다. 양극은 기존의 전기 이중층 커패시터로 하고 음극을 리튬이온 2차 배터리와 같게 한 것으로 에너지 밀도를 1.5배 이상으로 높힐 수 있다고 한다.

가끔 리튬이온 배터리보다 에너지 밀도가 높은 고성능 커패시터를 발명했다는 조금은 아리송한 뉴스가 발표되지만 현재 시점에서는 실용화가 가능한 기술은 개발되지 않은 것 같고 역시 와이어리스 충전과의 조합에 기대를 거는 것이 좋을 것 같다.

◀ 와이어리스 충전

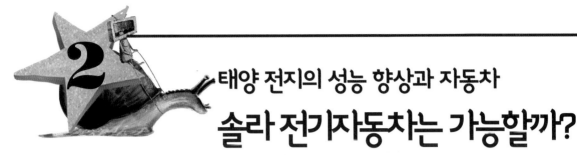

솔라 전기자동차는 가능할까?

충전 없이 계속 달릴 수 있는 이상적인 자동차

자동차의 지붕에 태양 전지를 부착하고 그 에너지만으로 달릴 수 있다면 적어도 낮에는 충전하지 않더라도 끝없이 달릴 수 있다. 게다가 연료비가 무료이므로 이보다 더 좋은 일은 없을 것이다. 실제로 솔라 카 레이스 등도 개최되고 있으므로, 불가능한 일만은 아니라는 생각이 들지만, 어떨까? 검증해보자.

닛산 리프의 보디 사이즈는 전장 4,445mm, 전폭 1,770mm이므로 위에서 본 면적은 약 7.87m2인데 이중 90% 면적에 해당하는 7m2의 면적만큼 태양 전지를 깔았다고 가정해보자. 지상에 도달하는 태양광의 에너지는 수직면 1m2당 최대 약 1kW인데 보급형의 태양 전지(다결정 실리콘형)로는 최대 15% 정도밖에 전력으로 전환될 수 없으므로 계산하면 최대 전력은 아래와 같다.

1(kW) × 0.15(15%) × 7(m2) = 1.05(kW)

리프의 최대 출력이 80kW이므로 역시 자동차를 움직이기는 힘든 수준이라는 것을 알 수 있다. 게다가 이것은 어디까지나 쾌청하고 태양이 바로 위에 있는 상황에서의 계산이므로 구름 끼고 비가 오는 날은 얻을 수 있는 전력이 상당히 적어진다.

사막용 자동차라면 보조 충전장치로서 가치가 있다

그렇다면 태양 전지에 의한 완전 주행은 포기하더라도 충전장치로서 사용하여 조금이라도 주행거리를 늘리기 위한 전략은 어떨까? 리프의 배터리 용량(배터리 총 전력량)은 24kWh인데 이것은 계산상 24kW의 전력을 1시간 사용할 수 있는 전력량이다.

앞서 일기가 좋은 이상적인 상황에서의 차량 탑재 태양 전지의 전력 1.05kW로 계산해보면 1시간에 4.4% 정도는 충전할 수 있다는 뜻이다. 한국은 비가 오거나 흐린 날이 적지 않으므로 무리가 있겠지만 사막을 횡단하는 목적의 전기자동차가 등장하게 되면 그런대로 유효하다. 계산상 1시간 충전하면 8km 정도는 달릴 수 있게 된다.

또한 아직 실용화의 전망이 확실하진 않지만 이제까지 태양 전지의 상식을 깨는 기술로서 [양자 도트 태양 전지]라는 것이 있다. 약 10나노미터(1억분의 1미터)의 나노 결정 구조인 반도체 상자에 전자를 넣고 태양광에 의해 움직이게 하여 발전하는 원리인데 기존의 실리콘 태양 전지의 변환 효율이 최대 30%라고 알려진 것에 비해 이론적으로는 75%까지 높이는 것이 가능하다고 한다.

이 숫자가 그대로 실현된다면 차재 태양 전지의 최대 전력은 5.25kW가 되고 일조시간이 긴 지역이라면 일상적인 충전은 태양광 에너지만으로 가능해지게 되는 것이다. 다만, 기존의 태양 전지도 실제로 출시될 때 변환 효율이 기대 값의 절반 이하로 떨어진 전례가 있으므로 과도한 기대는 할 수 없다.

그런데 전기자동차에 태양 전지를 가급적 많이 탑재하려고 하면 보디의 디자인이 상당히 제약을 받는다. 발전 효율을 높이려고 하면 지붕 위에 평면을 늘리는 수밖에 없지만 그렇게 되면 공기저항이 늘어나고 오히려 에너지 손실로 이어질 가능성도 있다(특히 고속주행 중). 자동차의 설계는 여러 가지 요소들이 적용된 전체적인 최적의 결과이므로 다양한 상황을 고려해서 어떤 에너지를 이용하는 것이 좋을지 생각하여야 한다.

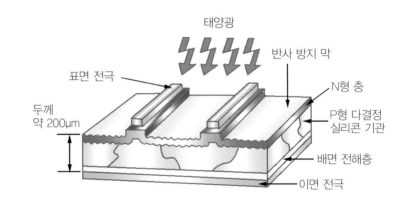

다결정 실리콘
태양 전지의 구조▶

CIGS계 박막
태양 전지의 구조▶

3 자동차에서 핸들이 사라질지도 모른다.
Drive-by-wire

 ## 운전을 보조해 주는 파워 스티어링*

기존의 가솔린 자동차에서는 액셀러레이터 페달을 강하게 밟으면 그 움직임이 스로틀 밸브로 직접 연결되어 엔진의 흡기량을 증가시켰다. 보내오는 연료의 양이 늘어나면 엔진의 회전수가 증가되는 가속이 된다. 그러나 현재는 그 사이에 컴퓨터 처리 과정을 넣는 경우가 많아 액셀러레이터 페달의 동작은 전기적인 신호로 전환되어 처리되고 컴퓨터가 엔진의 회전수를 조정한다. 그래도 최종적으로는 스로틀 밸브 등의 기계적인 조작으로 제어를 실행하고 있는 것이다

그밖에도 기계적인 조작을 하는 것이 스티어링이다. 스티어링이란 핸들(스티어링 휠)에 의한 조작이지만 그 메커니즘은 그림과 같이 된다. 이 구조는 하이브리드 자동차에서나 전기자동차에서나 기본적으로는 변함이 없다.

● 파워 스티어링
(power steering)
엔진에 의해 구동되는 오일펌프의 유압으로 조향 조작력을 가볍게 하는 장치의 총칭. 작동 원리는 압력을 높인 오일을 조향 장치와 연동하는 실린더에 넣어, 피스톤의 운동에 의해 조향 핸들의 조작력을 가볍게 하는 것.

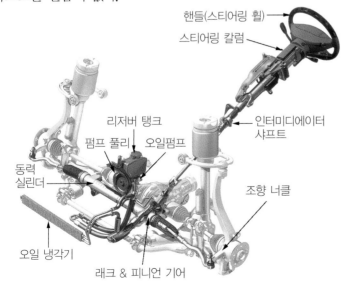

핸들(스티어링 휠)
스티어링 칼럼
리저버 탱크
펌프 풀리 　오일펌프
인터미디에이터 샤프트
동력 실린더
조향 너클
오일 냉각기
래크 & 피니언 기어

◀ 스티어링의 구조

하지만 완전 기계식 스티어링 시스템에서는 차속이나 커브의 상황에 따라 핸들이 무거워지므로 파워 스티어링이라는 구조가 고안되었다. 운전자가 핸들을 움직이는 힘과 타이어가 노면에서 받는 반력反力, 차속 정보를 컴퓨터로 계산하고 핸들 조작을 보조할 필요가 있으면 파워를 어시스트 해준다. 처음에는 유압식이 주류였지만 현재는 전동식 파워 스티어링(EPSElectric Power Steering)*이 많아졌는데 유압식보다도 꼼꼼한 제어를 할 수 있기 때문이다.

● 전동식 파워 스티어링

전동 조향 장치는 조향 조작력을 보조하기 위해 전기 모터를 사용하여 기존의 유압식 동력 조향 장치와 달리 엔진의 출력 소모 없이 독립적으로 기능을 수행한다. 전동 조향 장치는 토크 센서, 조향 각 센서 등의 입력 신호 들을 바탕으로 모터의 작동을 제어함으로써 운전 조건에 따라 보조 조향 조작력을 가변적으로 발생시킨다. 토크 센서와 조향 각 센서는 조향 칼럼에 설치되어 있으며, 페일 세이프 릴레이는 MDPS 컨트롤 유닛 내부에 배치되어 있다.

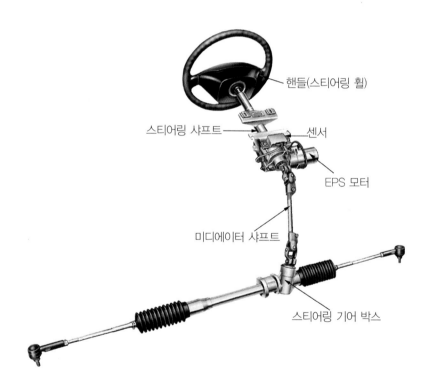

핸들(스티어링 휠)

스티어링 샤프트 —

센서

EPS 모터

미디에이터 샤프트

스티어링 기어 박스

▲ 전동 파워 스티어링(EPS)

자동차는 비행기의 기술을 쫓아간다.

전동 파워 스티어링이라 해도 핸들을 돌리는 힘이 직접 바퀴의 방향을 바꾸는 힘이 되는 것에는 변함이 없다. 다시 말하면 운전자와 노면은 물리적으로 연결되어 있는 것이다. 비행기도 원래는 같은 구조로, 조종실의 조종간을 돌리거나 밀고 당겨서 비행 방향을 결정하는 보조 날개, 승강타*, 방향타* 등을 조작하고 있다. 케이블이나 로드 또는 유압 액추에이터의 경우에는 조종석과 직접 연결되어 있다.

그런데 엄청나게 큰 여객기가 개발되고 군용기가 고속화함으로써 사람의 힘으로는 한계가 발생하게 되었다. 자동차보다 먼저 파워 스티어링을 채용하였던 비행기는 그 후 모든 조작 데이터를 전기 신호로 바꾸어 전선으로 기내 곳곳에 전달하게 되었으며, 모터로 조작하는 방식으로 변해갔다. 이와 같은 시스템을 fly-by-wire라고 말한다.

자동차도 [동력 메커니즘]이 많았을 때는 스로틀 밸브나 스티어링도 기계적 조작을 중심으로 설계되어 있었지만 전기자동차 시대에는 그 필요성이 서서히 없어진다. 우선 스로틀 밸브는 완전히 전기화 되고 [액셀러레이터 페달→컴퓨터→인버터→모터] 순서도 모두 전선으로만 연결되어 있다. 차후에는 스티어링도 드라이브 바이 와이어로 하면 운전석에서의 조작은 모두 전기적인 경로만으로 실행할 수 있게 된다.

이와 같은 시도가 완전히 처음은 아니다. F1 등의 레이스 카에서는 고속에서도 확실하게 핸들을 조작하기 위해서 1990년대 초부터 드라이브 바이 와이어(스티어링 바이 와이어)를 탑재한 자동차가 사용되고 있다.

● 승강타(elevator)
승강타는 조종면의 일종으로 보통 항공기의 후방에 있어 항공기의 피치를 변화시키면서 방위를 조종하는 것으로 또한 날개의 받음각을 변화시킨다. 증가한 받음각은 날개의 모양에 의해서 큰 항력을 발생시켜 속도를 느리게 만든다. 반면 받음각을 줄이면 속도가 증가하게 된다.

● 방향키(rudder)
방향키는 비행기의 수직 꼬리 날개 후반부에 있는 가동부분으로 방향타(方向舵)라고도 한다. 수직 안정판 뒤쪽에 경첩으로 고정시킨 조종 날개 면으로 조종석의 방향키 페달로 조작한다. 예를 들면, 왼쪽 방향키 페달을 밟으면 방향키는 왼쪽으로 돌고, 수직 꼬리 날개에는 오른쪽 방향의 가로 힘이 생긴다. 그리하여 기체(機體)는 왼쪽 방향의 회전력을 갖고 회전하게 된다.

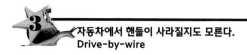
스티어링이 전기화 되면 핸들과 앞바퀴를 물리적으로 연결할 필요가 없어지기 때문에 그 위치를 자유롭게 정할 수 있게 된다. 심지어 뒷좌석으로 이동시키더라도 그다지 의미가 없어진다. 게다가 지금까지는 좌측 핸들 자동차와 우측 핸들 자동차를 따로 만들었지만 이제 그럴 필요가 없다. 대시보드에 핸들 장치 콘센트를 설치해두면 간단히 위치를 바꿀 수 있다.

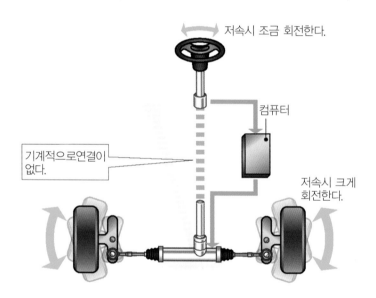

**스티어링 바이 와이어의
개념▶**

핸들은 과연 필요한 것일까?

핸들이 지금과 같은 모양을 하고 있는 것은 사람의 힘으로도 앞바퀴를 조작할 수 있게 하기 위함이며, 그 크기도 힘을 가하기 쉽도록 설정되었다. 그런데 드라이브 바이 와이어(스티어링 바이 와이어) 시스템이 도입되면 핸들의 형태가 꼭 지금과 같은 모습과 사이즈를 유지할 필요는 없다.

비행기에 플라이 바이 와이어가 도입되었을 때에도 이와 같은 논의가 일었다. 보잉사는 기존의 조종 감각을 남겨야한다는 생각에서 핸들 타입의 조종륜을 장착했지만 에어버스사에서는 조이스틱형 조종간으로 변경하였고 더군다나 조종석을 앞이 아니라 옆에 배치하였다.

에어버스가 사이드 스틱이라고 불리는 이 조종간을 채용한다고 발표했을 때 거대 여객기의 조작 장치로서 너무나 빈약하게 보였던 탓일까 리셋할 수 없는 게임 머신 등으로 야유를 받았는데 게임기와 비슷하게 생긴데다가 조작의 실수로 추락하면 영영 되돌릴 수 없기 때문이었다. 그러나 많은 파일럿의 염려를 뒤로 하고 사이드 스틱은 문제없이 기능을 하였으며, 바이 와이어 시스템이라면 큰 조종륜이 필요 없다는 것을 증명하였다.

따라서 전기자동차도 조향 계통이 진보해가면 언젠가는 핸들이 없어질 지도 모르겠다. 정말로 게임처럼 조이스틱으로 운전하는 날이 올 수도 있다.

◀토요타 TF109 스티어링

대부분의 사람들은 운전석 앞에 작은 스틱이 한 개 놓인 자동차에 타는 것을 아직 부담스러워하겠지만 최근의 F1카와 같은 타입의 스티어링이라면 문제가 없을 것이라고 생각한다. 작은 핸들이 있고 잡은 손이 닿는 범위에 여러 개의 조작 버튼이 있는 스타일이다. 이것이라면 스틱보다는 안정감이 있고 조작도 하기 쉬울 것 같다.

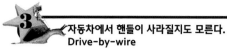
드라이브 바이 와이어라면 핸들을 방향 조작 이외의 조작에 사용하는 것도 가능하다. 앞으로 밀면 액셀러레이터 ON, 당기면 액셀러레이터 OFF로 하는 아이디어는 어떨까. 그리고 좌우로 커브를 도는 것도 이제까지와 같이 빙글빙글 돌릴 필요 없이 살짝 기울이는 것만으로 움직인다면 편리할 것이다. 물론 종합적인 조작은 컴퓨터를 통해서 이루어지므로 눈에 띄게 이상한 움직임이 나타나지는 않을 것이다. 어쩐지 매우 즐거운 운전이 될 것이라는 생각이 들지 않는가?

드라이브 바이 와이어에 의한 설계의 자유도가 높아지면 신체의 장애가 있는 사람을 위한 자동차도 개발하기 쉬워진다. 핸들이나 액셀러레이터 페달, 브레이크 페달 위치나 모양에 제한이 없어지므로 각각의 사람에게 운전하기 쉬운 자동차가 실현되고 어디든지 자유롭게 외출할 수 있게 된다. 정말 대단한 진보라고 할 수 있다.

자동차의 설계가 좀 더 자유로워진다.

자동차의 설계는 [힘을 전달하기 위한 기계적인 구조]에 의하여 크게 제한을 받아 왔다. 앞서 말한 핸들이나 액셀러레이터 페달은 그 일례이지만 엔진으로부터의 동력을 바퀴에 전달하기 위한 구조도 복잡하고 엔진, 트랜스미션, 드라이브 샤프트 등의 위치는 필연적으로 그로 인해 결정지어졌던 것이다.

그러나 전기자동차가 도입되고 더욱이 각 바퀴에 모터를 내장한 인휠 모터 방식의 자동차라면 설계에 큰 자유가 찾아온다. 꼭 지켜야 할 것은 4개의 바퀴가 차체를 지탱하고 주행할 수 있는 위치에 있으면 된다는 것 하나이며, 그 밖의 조건은 상당히 자유롭게 설계할 수 있다. 바퀴에 전달되는 것은 동력이 아니라 전력이므로 전선만을 연결하면 되는 것이다.

그 결과 이런 꿈의 자동차를 생각할 수도 있다. 모터를 내장한 바퀴는 2륜씩 차축으로 연결되어 있을 필요가 없으므로 90도 회전할 수 있는 차대로 섀시에 고정되어 있으면 그림과 같이 바로 옆으로 돌릴 수가 있다. 그러면 차고에 넣을 때나 평행 주차할 때 엄청나게 간단해진다. 더군다나 모터는 세심한 회전 제어가 가능하므로 [오른쪽 옆으로 2m 이동해서 평행 주차]라는 명령을 입력하면 자동적으로 정지 위치로 이동해주는 자동차까지도 만들 수 있는 것이다.

※ 각각의 차륜에 독립적으로 모터가 내장되어 있으면 타이어의 방향을 바꿀 수 있으므로, 좌우로 달리는 자동차의 개발도 가능해진다.

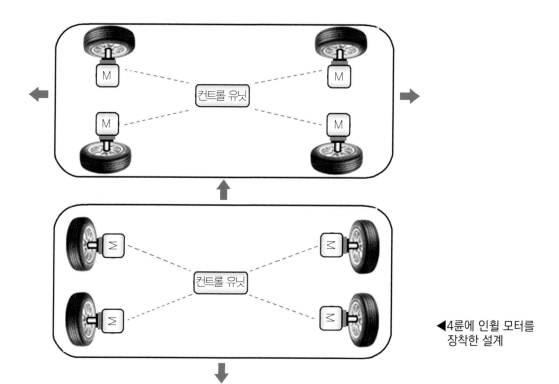

◀4륜에 인휠 모터를 장착한 설계

4 자율 주행 시스템 **무인 자동차**

🖥️기술적으로 이미 가능한 자율 주행 시스템

스피드 컨트롤부터 방향 조작까지 컴퓨터를 통해서 전기적으로 이루어지게 된다면 다음의 진화 과정은 자율 주행의 실용화가 될 것이다. 운전자는 액셀러레이터나 조향 핸들을 건드리지 않고 내비게이션 시스템에 목적지를 입력하면 그 뒤는 자동차가 마음대로 달려서 목적지에 도착하게 해준다.

자율 주행을 실현하기 위한 기술은 그다지 어려운 것은 아니다. 왜냐하면 이미 세상에는 [자동으로 움직이고 있는 자동차]가 많이 있기 때문이다. 오래전부터 활약했던 것은 공장 등에서 활약하고 있는 무인 운반차(AGVAutomic Guided Vehicles)*이다. 떨어져 있는 생산라인에 부품을 운반할 때에 사용되는 AGV는 예전에는 정해진 루트 위를 단순하게 왕복할 뿐이었지만 현재는 고도의 자율제어 시스템이 탑재되어 정해진 구역 안이라면 택시와 같이 자유롭게 주행할 수가 있다.

🖥️도로에 나와 장애물까지 파악할 수 있는 자율 주행

이렇게 기술을 축적한 자율 주행 시스템은 이제 공장 안이 아닌 거리 밖으로 나와 일반 이용자들과 만나려 하고 있다. 기아자동차, 현대자동차, 구글, 테슬라 등의 기업에서는 이미 몇 년 전부터 자율 주행 자동차를 각지에서 시험 운전하며, 완벽한 자율 주행을 위한 데이터를 모으고 있다.

● 무인 운반차

공장이나 창고 등에서 자동제어로 주행하는 무인 반송차(無人搬送車)를 말한다. 반송방식으로는 탑재식, 견인식, 리프트식 등으로 하물의 형태나 중량 등 용도에 맞는 방식이 있으며, 유도 방식으로 자기, 전자, 광학, 레이저 유도 등을 이용하여 복수의 반송차가 최적의 경로선택, 우선순위 결정이나 간섭 회피 등 사용되는 환경에 맞춘 제어 시스템이 채용되고 있다.

기아자동차가 2016년 8월 쏘울 EV 자율 주행 자동차의 주차 기술을 유튜브YouTube를 통해서 쏘울 EV에 탑승한 운전자가 차량에서 내린 뒤 명령을 내리는 모습이 등장하고 이후에 차량이 지하 주차장의 공간을 찾아 알아서 주차 및 출차하는 모습이 담겨있는 영상을 공개하여 화제를 불러 일으켰다.

이 기술은 완전 자율 주차(AVPAutonomous Valet Parking)*라는 처음 공개되는 자율 주차 기술로 운전자 없이 스스로 이동하여 지상·지하 주차 공간을 탐색하고 실내·복합 공간에서 주차는 물론 출차까지 스스로 진행 한다. 더불어 교통이 혼잡한 지역에서는 주변의 주차장까지 주차 대상 공간을 확장해 주차를 하는 기능까지 갖추고 있다.

2016년 9월에는 프로야구 경기 전 사전 이벤트로 펼쳐지는 시구 행사에서 쏘울 자율 주행 전기자동차를 깜짝 등장시켜 독자 개발한 자율 주행 기술을 선보였는데 운전자가 없는 상태로 시구자만을 태우고 야구장 외야 방면 좌측 게이트에서 출발해 3루 쪽으로 이동 후 시구자를 내려주고 홈을 거쳐 출발한 곳으로 퇴장하는 자율주행 퍼포먼스를 펼쳤다.

● 자율 주차
차량의 자율 주차 센서를 이용하여 운전자 없이 스스로 이동하여 주차 공간을 탐색하고 주차는 물론 출차까지 스스로 진행한다. 교통이 혼잡한 지역에서는 주변의 주차장까지 주차 대상 공간을 확장해 주차를 하는 기능까지 갖추고 있다.

What **is**

● **자율 주행 자동차**

운전자가 차량을 조작하지 않아도 스스로 도로 상황을 파악하여 자동으로 주행하는 자동차를 말한다. 자율 주행 자동차는 복잡한 도로, 교통 체계와 예기치 못한 돌발 상황을 실시간 인지하여 스스로 판단하고 제어하는 시스템을 기반으로 한다. 자율 주행 자동차는 인지 → 판단 → 제어 단계를 반복하며, 소프트웨어의 명령에 따라 주행한다.

한편 쏘울 EV 자율 주행 자동차*는 독자 기술로 개발한 고속도로 자율 주행(HADHighway Autonomous Driving), 도심 자율 주행(UADUrban Autonomous Driving), 혼잡구간 주행 지원(TJATraffic Jam Assist), 긴급 제동 자율 정차(ESS Emergency Stop System), 선행 차량 추종 자율 주행(PVFPreceding Vehicle Following), 자율 주차 및 출차, 실제 도로 환경에서의 주행 안정성 제고를 위해 자기 위치 인식 기술, 경로 생성 기술, 경로 추종 기술, 장애물 인지·판단 기술 등의 지능형 고안전 자율 주행 기술들이 적용되어 있다.

2017년 12월 현대자동차가 평창 동계올림픽 및 동계패럴림픽'에 맞춰 커넥티드 및 차세대 수소 연료 전지 기술이 적용된 미래형 자율주행차를 선보였고 ICTInformation and Communication Technology 환경올림픽 등을 목표로 내건 '2018 평창 동계올림픽 및 동계패럴림픽'의 성공 개최를 위해 고속도로 장거리 자율주행을 시연하였으며, 올림픽 기간 중 평창에서 누구나 미래형 자율 주행 자동차를 체험해 볼 수 있도록 자율 주행 시승 프로그램을 운영하였다.

자율 주행을 실현하기 위한 기술적인 조건은 무엇일까?

사실 이들 대부분의 기술은 이미 확립되어 있다.

⑴ 주행코스를 파악하고, 그곳을 벗어나지 않게 주행한다.

도로에 그려진 차선을 차량에 탑재된 카메라로 검출하여 올바른 위치로 주행할 수 있는 시스템의 개발이 진행되어 왔다. 노면이 거칠거나 복잡한 형상의 교차점이 있는 일반도로에서는 아직 완전하지 않지만 고속도로나 자동차 전용도로라면 문제가 없는 수준에 도달하고 있다.

한편, 차선 검출 시스템은 운전자의 졸음이나 부주의로 차선을 벗어난 경우에 경고음을 내는 장치로서 현재 시판되는 자동차에도 탑재되고 있다. 더욱이 검출 정밀도를 향상시키기 위하여 3D 스테레오 카메라나 적외선 카메라를 채용하는 케이스도 있을 정도로 많은 메이커가 이 분야의 기술 개발에 힘을 쏟고 있다.

(2) 최적의 속도로 달린다.

속도 제어는 크루즈 컨트롤(오토 크루즈) 등의 진화형이므로 그다지 어려운 기술은 아니다. 내연기관 자동차에서는 엔진의 회전수 제어를 완전하게 할 수 없지만 전기자동차라면 정확하게 컨트롤할 수 있으므로 [옆 자동차와 완전히 같은 속도로 달려라]라는 명령도 따를 수가 있는 것이다.

(3) 장애물을 파악하고 감속, 정지 혹은 회피한다.

장애물의 파악은 차선 파악과 통하는 기술로 고성능 카메라와 영상처리 시스템과의 조합에 의해 인간의 눈보다 정확한 판단이 가능하다. 더욱이 전파 대신에 레이저 광선을 사용한 레이더(레이저 레이더나 LIDAR라고 불린다)의 개발이 진행되어 장애물 센서로서는 매우 유력하다. 대상물로부터의 산란광散亂光을 분석함으로써 거리뿐만 아니라 그 성질, 예를 들면 사람인지, 가드레일인지까지 판단할 수 있기 때문에 상황에 따른 적절한 대응이 가능하다. 한편, 자동차의 전후·좌우 자동차간 거리도 이 센서로 판단하여 최적의 속도 제어로 이어진다.

(4) 현재의 위치를 파악하고 목적지까지의 루트를 검색하여 그대로 달린다.

지금도 GPS Global Positioning System를 이용한 자동차 내비게이션 시스템이 문제없이 작동하고 있으며, 미래에는 도로 옆에 설치된 안테나와 주행하는 자동차 사이에서 데이터를 주고받는 통신 시스템에 의하여 보다 정확한 위치 검출과 루트 안내가 가능해진다.

앞으로의 기술 과제는 현 상태의 안전을 확인할 뿐 아니라 어느 정도 미래를 예측해주는 시스템의 개발일 것이다. 전방에 발견된 사람이 보행 중인지, 아니면 도로를 횡단할 가능성이 있는지, 행동 패턴 등에서 판단할 수 있는 시스템도 개발을 목표로 하고 있다. 완성차 업체 측에서도 다양한 연구를 진행 중이며, 예측 안전 시스템은 서서히 완성도를 높이고 있다.

라이더 센서
벨로다인(Velodyne)은 차량의 주변에 대한 데이터를 얻기 위해서 탑재되고 있다. 매초 10회 정도 회전하면서 일정한 조사 각으로 레이저 빛을 송수신하여 자신의 자동차 주변에 있는 물체와의 거리를 측정한다.

근거리 레이더
밀리파를 사용한다.

GPS 안테나
1m 이상의 간격을 두고 설치되어 있는 것은 스테레오 수신의 효과를 노리고 측위 정도를 높일 수 있기 때문일 것이다. 외부의 정보를 얻을 수 있는 것은 이 안테나뿐이다.

측시 카메라와 레이더
직사각형의 검은 상자는 가로방향을 향한 카메라로 그 아래 좌우 3세트씩 있는 것이 레이더이다, 운전자의 사각 지대를 없애는 센서이다.

5 자동차와 철도의 경계가 모호해지다.
Modal Shift와의 연동

시속 80km, 차간거리 15m로 안전하게 자율 주행을 할 수 있는 기술

자율 주행은 단지 개인 운전자만을 편하게 하기 위함은 아니다. 2010년 일본에서는 대형 트럭 3대를 이용하여 대열에 맞춰 자율 주행에 성공했다는 기사가 나온 적이 있는데 자동차간 거리는 불과 15m 이었다고 한다.

단순히 앞을 따라가는 기술이 아니라 차간거리의 제어 정밀도가 15±1m 라는 것은 실제의 트럭 수송에 바로 투입할 수 있을 정도의 수준에 도달했다는 뜻이다. 일반도로는 아직 시기상조이지만 고속도로나 자동차 전용도로라면 당장이라도 도입이 가능할 것이다.

게다가 이렇게 차간 거리를 좁게 하는 것은 두 가지의 긍정적인 효과를 불러오는데 그 첫 번째는 공기 저항을 감소시켜 약 15%의 에너지 절약 효과를 불러온다는 것이다. 두 번째는 도로의 폭을 넓히지 않아도 운송량을 증가시켜주므로 정체가 생기지 않아서 교통 흐름이 원활해진다는 것이다. 이런 미래적인 장점도 고려할 수 있다.

25톤 트럭을 차간거리 15m에서 시속 80km로 주행시키는 것은 사람의 운전으로는 대단히 위험하다. 자율 주행 시스템이 상당히 진보하고 있다는 것을 알 수 있는 부분이다. 그리고 내연기관 자동차보다 제어하기 쉬운 전기자동차라면 좀 더 짧은 자동차간 거

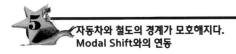

리에서 속도를 올릴 수 있고 보다 효율이 좋은 수송도 가능할 것이다.

완전하지 않지만 고속도로나 자동차 전용도로라면 문제가 없는 수준에 도달하고 있다.

철도와 친화성이 높은 전기자동차

주행 코스를 파악하여 차선을 유지하고 짧은 차간 거리를 가지고 대열을 유지하며 자율 주행하는 자동차 그 모습을 상상하면 현실적으로는 철도에 가까운 교통시스템이 되는 것을 알 수 있다.

현재 환경문제 특히 에너지 절약이나 이산화탄소 배출 억제 등의 과제에 관심이 높아지면서 전환 교통 제도(Modal shift)에 대한 기대가 높아졌다. 화물의 수송과 여객의 운송 수단을 전환하는 걸 말하는데 가능한 한 [자동차나 항공기]에서 [철도나 선박]으로 '시프트'해 가려는 움직임이다.

하지만 그런 이상을 추구하면서도 자가용 자동차의 수는 쉽게 줄어들지 않기 때문에 현실적으로는 상당히 강제적인 정책을 시행하지 않는 한 모달 시프트의 실현은 곤란하다. 누구든지 멀리 있는 역까지 걸어가는 것보다 자택에서 자동차로 바로 외출하고 싶어 하기 때문이다. 그런 상황에서 전기자동차의 보급과 진보는 하나의 해결 방법을 제시해준다. 자동 운전 시스템이 대부분의 전기자동차에 장착된다면 이런 미래의 사회가 실현될 지도 모르겠다.

외출할 때에는 역까지는 스스로 운전하여 간 후, 그곳부터는 전용 도로에 들어간다. 그곳에는 안전하게 자동운전을 가능하게 하는 시스템이 설치되어 있으므로, 더 이상 운전자가 핸들을 잡을 필요가 없어지고, 그 뒤는 철도와 같은 감각으로 목적지의 근처까지 갈수 있다.

또한 지금은 자동차에서 철도로 갈아탈 때에 역 앞의 주차장에 자기가 타고 온 차를 주차시키고 제법 먼 거리를 걷지 않으면 안 되지만 자율 주행 자동차라면 출입구 근처에서 내리고 그 후는 부지 안에서 자동차가 스스로 빈 주차공간까지 찾아가므로 시간의 손실이 없다. 자동차와 철도의 병용화가 이뤄지는 것이다.

이렇게 생각하면 미래의 전기자동차는 [자동차]와 [철도]의 중간과 같은 교통 시스템이 될지도 모르겠다. 그 결과 환경에도 좋은 탈것이 된다면 앞으로의 진보에 대단히 기대가 된다.

▲ 25톤 트럭을 차간 거리 15m에서 80km/h로 자율 주행

5 자동차와 철도의 경계가 모호해지다.
Modal Shift와의 연동

▲ Haimo

▲ P·com

▲ TOYOTA FT-EV Ⅲ

▲ TOYOTA I-ROAD

하이브리드
자동차의 구조

새로운 형식의 배터리가 개발되면서
전기자동차에 거는 기대가 높아지기 시작하였다.
그러나 전기 구동식 자동차로서 먼저 시장에 등장한 것은
엔진과 전기 모터를 함께 동력원으로써 갖추고 있는
하이브리드 자동차(HEV ; Hybrid Electric Vehicle)였다.
이유가 무엇인지 함께 알아보자.

엔진과 모터의 조합

익숙한 엔진을 한 번 더 활용하다

하이브리드hybrid라는 말은 2개 이상의 '다른 물건의 조합'이라는 의미로서 원래는 생물학 용어였다. 대표적인 것이 수컷 표범과 암컷 사자로부터 태어난 하이브리드 교잡종인 레오폰이다. 이 용어가 1960년대부터 복잡한 기능을 갖고 있는 공업제품에 사용되기 시작하면서 현재의 하이브리드 자동차로 이어졌다.

어원에 따라 말하면 하이브리드 자동차 동력의 조합은 어떤 것이라도 좋다. 가솔린 엔진과 디젤 엔진 2개를 포개 놓아도 하이브리드 자동차가 된다. 하지만 요즘 하이브리드 자동차라고 하면 거의 모두 '엔진(내연기관internal combustion engine*) + 전기 모터'의 조합이다. 왜 이 2종류의 동력인가 하면 각각의 장점과 단점을 보완하기 쉽기 때문이다.

엔진의 최대 장점은 자동차용 동력으로서 '익숙하다'라는 점이다. 어느 메이커라도 지금까지 많은 가솔린gasoline engine* 및 디젤 diesel engine* 자동차를 개발해왔기 때문에 기계로서의 성질을 잘 알고 있다. 사용하기도 쉽고, 안정감이 느껴지는 '오래된' 기술이기 때문에 처음인 모터와의 만남으로서는 최적인 셈이다.

● 내연 기관
엔진(기관)의 내부에서 연료를 연소시키고, 발생하는 연소 생성물(고온·고압의 가스)을 작동 유체(열을 일로 바꾸는 역할을 하는 유체)로 하여 동력을 얻는 것. 외연 기관과 대조적으로 사용되는 용어로서 가솔린 엔진, 디젤 엔진 등의 피스톤 엔진을 가리키는 것이 일반적이지만, 가스 터빈이나 제트 엔진도 포함된다. IC엔진이라고도 한다.

● 가솔린 엔진
석유제품 중에서 휘발성이 높은 가솔린(휘발유)을 연료로 하는 엔진의 총칭.

왜 전기자동차가 아닌 하이브리드 자동차였을까?

1990년대에 니켈수소 배터리와 리튬이온 배터리가 연이어 실용화되자, 기존의 축전지를 훨씬 능가하는 성능이 있다고 알려지면서 '전기자동차가 본격적으로 보급될 것이다'라고 많은 사람들의 기대를 모았다.

그러나 용량이 크고 소형이며, 무게가 가볍고 안전한 배터리를 만들기까지는 아직 시간이 더 필요했던 것이다. 먼저 개발되었던 니켈수소 배터리는 당시 트렁크 하나 가득 집어넣어도 항속거리가 수십km에 불과했다. 이래서는 새로운 시대의 전기자동차로서 대대적인 매출을 내기에 역부족이었다. 더욱이 인프라가 정비되어 있지 않다는 사정도 전기자동차로의 완전 이행을 가로막고 있었다.

가솔린으로 달리는 자동차라면 세계 어느 곳, 아무리 작은 마을을 가더라도 급유 시설이 있다. 또 고장이 났을 때는 정비할 수 있는 사람을 찾을 수도 있다. 그러나 전기자동차에 없어서는 안 되는 충전 설비 및 서비스 시설은 갖추어져 있지 않았다. '그렇다면 가솔린으로도 달릴 수 있는 전기자동차를 만들면 되지 않을까'라는 발상에서 태어난 것이 하이브리드 자동차인 것이다. 주유소만 있다면 어디라도 갈 수 있고 배터리 역시 그다지 큰 용량이 아니어도 된다.

1997년에 토요타 자동차가 세계 최초로 양산형 하이브리드 자동차인 프리우스를 생산하였을 때 전례가 없는 시스템을 탑재한 자동차에 소비자들도 처음엔 거리감을 두고 있었다. 그런데 1세대 모델에서도 리터당 15~21km, 2009년 5월에 생산한 3세대에서는 20~28km라고 하는 자동차의 등급에 비하여 경이적인 저연비를 실현한다는 것이 알려지면서 판매대수가 늘어나기 시작하였다.

● 디젤 엔진

독일인 루돌프 디젤이 1892년에 발표한 논문을 기본으로 개발된 엔진으로서 약 40기압으로 연소실 내에 압축된 500~550℃정도의 공기 중에 100~300기압 정도의 높은 분사압력으로 연료(경유)를 분사하여 동력을 얻는 것.

가솔린 자동차 등 엔진으로 움직이는 자동차와 전기자동차를 합치면 하이브리드 자동차가 된다. 그림의 경우 '+' 기호에 해당하는 것이 발전기. 새로 추가 된 인버터는 전기를 컨트롤하는 장치로서 나중에 상세하게 설명할 것이다.

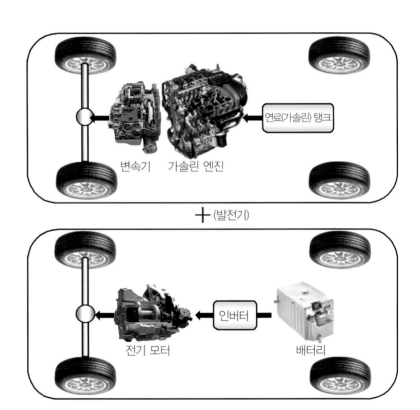

변속기 가솔린 엔진

＋ (발전기)

전기 모터 배터리

인버터

하이브리드
자동차의 기본 개념▶

2 3가지 방식의 하이브리드 자동차

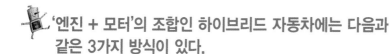

'엔진 + 모터'의 조합인 하이브리드 자동차에는 다음과 같은 3가지 방식이 있다.

01 병렬 하이브리드 Parallel Hybrid

병렬이라는 호칭처럼, 엔진과 모터의 동력을 모두 바퀴의 구동에 사용한다. 엔진은 저속 회전 시에 토크가 나오기 어렵다는 문제가 있어 자동차가 출발할 때는 엔진의 회전수를 다소 올린 후에 클러치를 연결시킨다.

모터는 기동 시에 최대 토크를 발휘하는 특성이 있어서 '출발은 모터를 이용하고 그 이후에는 고속 회전시킨 엔진으로 가속해 나간다'는 보완 효과를 살릴 수 있어서 가장 알맞은 방식이다. 또한 나중에 설명하겠지만, 회생 브레이크regeneration brake system*를 사용하기 쉽도록 하기 위해서는 모터가 발전기를 겸하고 있는 경우도 있다.

What is

● 회생 브레이크 시스템

회생 브레이크 시스템이란 감속 제동 시에 전기 모터를 발전기로 이용하여 자동차의 운동 에너지를 전기 에너지로 변환시켜 배터리로 회수(충전)하는 것을 말한다.

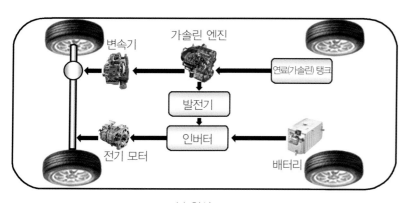

(a) 형식 1

◀ 병렬 하이브리드 방식의 구성

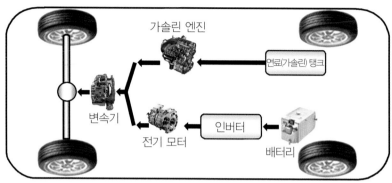

병렬 하이브리드
방식의 구성▶

(b) 형식 2

● 변속기

회생 브레이크 시스템
이란 감속 제동 시에
전기 모터를 발전기로
이용하여 자동차의 운
동 에너지를 전기 에
너지로 변환시켜 배터
리로 회수(충전)하는
것을 말한다.

02 직렬 하이브리드 Series Hybrid

직렬이기 때문에 플랜트의 배치도를 펼치면 일직선이 된다. 엔
진은 일정한 회전수로 돌아야 가장 효율이 높은 파워 플랜트이기
때문에 오로지 발전기만을 돌리는데 사용한다. 그렇게 발생한 전
기를 가지고 모터를 움직여 바퀴를 구동시키는 것이다.

모터는 빈번하게 가속과 감속을 반복해도 에너지의 효율이 극단
적으로 나빠지지 않기 때문에 자동차에는 딱 맞는 방식이라고 말
할 수 있다. 또한 무거운 변속기|transmission*가 필요 없다는 장점도
가지고 있다.

그러나 잘 생각해보면 전기자동차에 발전기, 연료 탱크, 엔진을
추가한 형식이기 때문에 결국 발전기를 장착한 전기자동차의 개
념이고, 그 각각의 부품들이 소형화가 되는 문제점은 물론, '엔진
과 모터의 장점을 취한다'는 하이브리드 자동차 고유의 강점은 발
휘할 수가 없다.

그리고 '엔진으로 발전하고 모터로 구동한다'는 방식이 자동차에선
생소하긴 하지만 철도 및 선박에서는 예전부터 많이 있었다. 예를

들어 미국, 유럽에서는 디젤 전동차라고 하면 이 방식이 많으며, 가속과 감속을 하기 쉽다는 점에서 인기를 끄는 것 같다. 또 빈 번하게 전진과 후진을 반복하는 쇄빙선ice breaker에서는 스위치 한 개로 회전 방향을 바꿀 수 있는 엔진 발전 방식이 주류이다.

● 쇄빙선

얼음이 덮혀 있는 결빙해역(結氷海域)에서 수역의 얼음을 부수어 항로를 만들기 위해 사용되는 배이다. 쇄빙선은 결빙수에서 활동하므로 얼음에 봉쇄되어도 이탈이 가능하고 선체가 손상되지 않도록 둥근 형의 특수 선형을 이루고 있다.

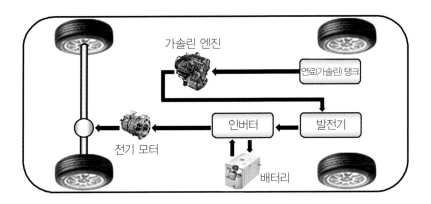

◀ 직렬 하이브리드 방식의 구성

03 직·병렬 하이브리드 Series·Parallel Hybrid

엔진이 주는 동력을 '분할'하여 바퀴를 구동하고 발전기를 돌린다고 하여 이런 이름이 붙었는데, 앞에서 설명한 두 방식의 장점을 잘 살린다는 측면에서 직렬·병렬 방식이라고 부르기도 한다. 대표적인 것은 토요타의 프리우스인데 다음 항목에서 자세히 설명하겠다.

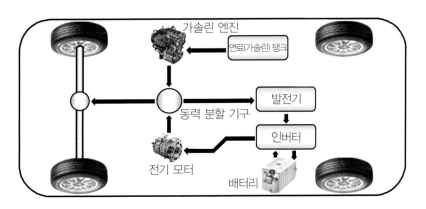

◀ 직·병렬(복합) 하이브리드 방식의 구성

우리 곁에 있는 하이브리드 '전동 자전거'

최근에는 자전거를 타고 언덕을 오르는 것이 즐겁다. 아이들을 전용 시트에 태우고도 페달이 무겁게 느껴지지 않아서 전동 어시스트 자전거의 인기가 급증하고 있다. 페달을 밟는 힘과 회전수 등을 센서로 파악하여 힘이 부족하다고 판단되면 모터의 동력으로 보조하는 시스템인데 정말로 '인력 + 전동력'의 하이브리드인 것이다.

사람이 자전거로 안정되게 발휘할 수 있는 동력은 보통 사람의 경우 100W, 사이클링 등을 취미로 하는 사람은 200W. 경륜 선수는 300~500W 라고 한다. 배기량이 50cc인 오토바이용 엔진의 출력이 2500W정도이므로 역시 인간은 기계를 이길 수가 없다. 그래서 언덕을 오르는 것조차 힘에 부칠 때가 많다.

전동 자전거의 모터 출력은 최대 250W. 인력을 더하면 '트루 드 프랑스(Le Tour de France)'에 참가하는 선수 정도의 파워가 되므로 자전거 주행이 한층 즐거워진다.

3 복합 하이브리드 자동차의 프리우스

'유성 기어'가 돌며 동력을 분할하는 프리우스(Prius)

1997년 생산된 프리우스에 탑재된 토요타의 하이브리드 시스템 (THS)은 하이브리드의 장점이 최대한 발휘되도록 한 방식이다.

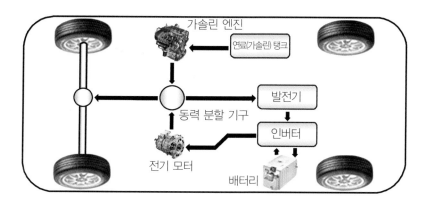

◀ 프리우스의 구성도

구성도를 보면 알 수 있듯이 이 시스템의 포인트는 중앙에 동력 분할 기구에 있다. 여기에서 엔진, 모터, 발전기의 회전수를 조정하는데 유성 기어Planetary gear 기구라고 하는 재미있는 모양의 기어 유닛gear unit이 사용되고 있다.

유성 기어 기구는 선 기어, 유성 기어, 유성 기어 캐리어, 링 기어 등 4개의 부품으로 구성된다. 유성 기어 캐리어는 유성 기어를 설치하는 지지대와 같은 것으로 여기에서 유성 기어가 공전운동을 하도록 잡아주고 있다.

동력은 선 기어의 회전, 유성 기어의 공전(유성 기어 캐리어의 회전), 링 기어의 회전 등 3개를 한 개의 유닛으로 컨트롤 할 수

있다. 토요타의 하이브리드 시스템에서는 발전기를 선 기어, 엔진을 유성 기어(유성 캐리어), 모터를 링 기어에 접속하고 있다. 이렇게 함으로써 여러 개의 감속비 및 회전방향의 변환이 가능하므로 엔진 구동용의 변속기를 별도로 설치할 필요가 없다.

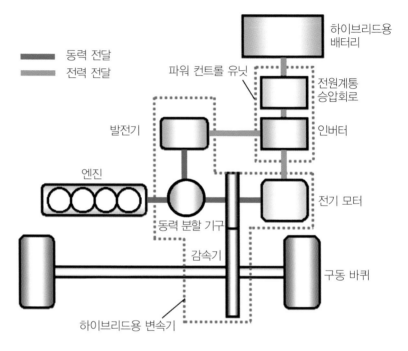

토요타 복합
하이브리드 시스템▶

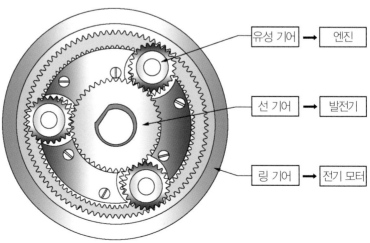

유성 기어의 구조▶

유성 기어 기구에서는 3개의 동력 중 한 개의 회전을 고정하기만 하면 남은 2개는 한 쪽을 제어함으로써 자동적으로 동력의 밸런스가 평형을 이룬다. 모터도 엔진도 지금은 컴퓨터를 사용하여 정확한 제어가 가능하기 때문에 이와 같은 방법으로 구동력이나 발전용 동력을 자유롭게 컨트롤할 수 있는 것이다.

전기자동차로서 프리우스의 성능은?

프리우스는 출발할 때에 거의 모터만으로 구동되는 등 운전하고 있으면 전기자동차에 타고 있는 기분이 들고 그것이 즐거움으로 다가온다. 그렇다면 전기자동차로서의 성능은 어떨까.

시속 40km 정도까지는 모터만으로 달릴 수 있기 때문에 시내운전 정도라면 거의 전기자동차이다. 그러나 엔진을 돌려서 발전하지 않으면 주행거리는 2km 정도라고 한다. 이렇듯 '**모터는 시속 40km까지의 주행**' '**배터리는 주행거리 2km만큼의 용량 밖에 안 된다.**'라는 전기자동차로서의 어정쩡한 스펙이 사실은 프리우스의 장점을 잘 나타내고 있다.

모터의 출력을 억제하여 소형화할 수 있고, 엔진과 병용하더라도 그만큼의 공간을 취하지 않는다. 아직 첫 모델의 개발을 진행하고 있던 1990년대 중반에는 리튬이온 배터리의 완성도가 낮았기 때문에 니켈수소 배터리를 사용하였지만, 당시에는 상당한 대형 배터리로도 이 정도의 주행거리밖에 실현할 수 없었으므로 이 시대에 순수한 전기자동차를 제품화하는 것은 무리였다.

어떤 면에서는 타협의 산물이라고 볼 수 있는 프리우스였지만, 동력 분할기구나 드라이빙 컴퓨터의 높은 성능이 신뢰를 낳고 자동차 역사에 남을 명차가 되었던 것이다.

4 하이브리드 자동차의 연비 향상에
공헌한 앳킨슨 사이클

● 오토 사이클
가솔린 엔진의 순환 운동으로서 내연기관의 열 사이클의 하나로 정적 사이클이라고도 한다. 엔진의 작동에서부터 압축 행정까지 열의 출입이 없는 압축(단열 압축), 연소 행정에 해당하는 체적은 일정하고 압력만 상승하는 폭발(등용 폭발)과 열의 출입이 없는 팽창(단열 팽창)을 되풀이하는 것이다.

● 자기 착화
공기와 연료의 입자가 혼합된 상태에서 어떤 온도 이상으로 상승시키면 외부에서 불꽃으로 착화하지 않아도 스스로 발화 연소하는 상태로서 자연 발화 또는 자기 점화라고도 한다.

하이브리드 자동차가 기록적인 저연비를 실현한 비밀 중의 하나로 앳킨슨 사이클의 채용에 있다. 엔진(내연기관)의 기술에 관한 것이므로 이 책의 논점과는 조금 다르지만 하이브리드 자동차에서 전기 모터와 조합시키기에는 최적의 엔진이므로 그 구조를 소개하겠다.

4행정 사이클 엔진의 그림은 일반적인 자동차에 사용되는 엔진의 행정을 나타낸 것이다. 이것을 발명한 독일인 니콜라스 오토Nikolaus August Otto의 이름을 따라 오토 사이클*otto cycle이라고도 부른다.

엔진의 실린더 안에 피스톤이 오르내리는 범위의 체적을 행정 체적 또는 배기량이라고 한다. 자동차 엔진은 실린더가 4(4기통) 혹은 6(6기통)인 경우가 많기 때문에 총배기량은 이것의 4~6배이다.

그러면 여기에서 물리학의 기본법칙 중 하나인 열역학 제2법칙에 대해서 생각해보자. 풀어서 말하면 [열기관이 열에너지를 역학적 에너지로 변환하는 효율은 열에너지가 이동하는 상(相)의 온도 차이가 클수록 높다]가 되는데 좀 어렵다. 간단하게 말하면 엔진에 있어서는 압축비가 높을수록 효율적이 된다는 것이다.

즉, $\dfrac{연소실용적 + 행정용적}{연소실용적}$ 의 수치가 높을수록 효율이 좋은 엔진이다.

그런데 가솔린 엔진에서는 압축비가 10~11을 넘어서면 실린더 내부의 혼합기(연료+공기)가 자기 착화*self-ignition하는 노킹*

knocking이 발생되며, 이때의 충격은 엔진을 손상시킬 수도 있으므로 압축비를 10 정도로 억제해야 한다. 압축비를 15 정도까지 올릴 수 있다면 연비는 상당히 향상된다. 그러므로 자기 착화를 이용하는 디젤 엔진은 가솔린 엔진보다 효율적이지만 그 만큼 엔진을 튼튼하게 하기 위하여 무거워지거나 진동과 소음이 더 커진다는 문제가 있다.

그래서 1882년에 제임스 앳킨슨에 의해 개발된 것이 앳킨슨 사이클*Atkinson cycle이다. 실제로는 앳킨슨이 생각한 방식보다 간단한 구조인데 이 사이클을 가능하게 한 인물의 이름을 따서 밀러 사이클이라고도 한다.

● 노킹

엔진 작동중 화염파가 연소실 벽을 때리는 것을 노크 또는 노킹이라 한다. 엔진의 작동 중 연소실 내에서 정상의 연소파가 진행됨에 따라 미연소 가스는 압축되고 온도가 상승하여 연소실 벽이 가열된다. 이 때 미연소 가스가 자기 착화 온도에 도달하면 전체 미연소 가스도 동시에 격렬한 연소를 일으켜 연소실 벽을 작은 해머로 두드리는 것과 같이 화염 파가 연소실 벽을 때리게 된다.

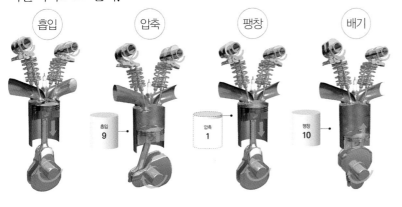

흡입　　압축　　팽창　　배기

흡입
9

압축
1

팽창
10

◀ 4행정 사이클 엔진의 작동 원리

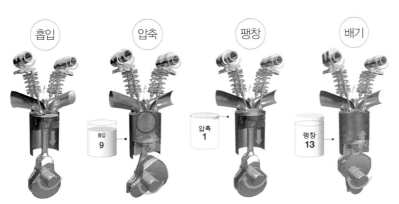

흡입　　압축　　팽창　　배기

흡입
9

압축
1

팽창
13

◀ 앳킨슨 사이클 엔진의 작동원리

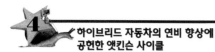

일반적으로 실린더에 혼합기를 흡입한 후에 밸브를 닫고 압축하지만 앳킨슨 사이클(밀러 사이클)에서는 아직 그대로 열려있다. 예를 들어 1500cc를 흡입한다면 500cc 정도를 실린더의 밖으로 내보내게 된다. 그리고 폭발(팽창)을 시키면 1000cc정도의 혼합기에 함유된 연료로 배기량이 1500cc의 엔진과 같은 일을 하기 때문에 효율이 좋아지는 것이다. 그리고 밖으로 나간 혼합기는 다음 행정에서 다시 흡입되는 혼합기의 일부가 되므로 낭비는 없다.

앳킨슨 사이클은 대단한 아이디어이지만, 실질적으로 연료를 부풀리고 있기 때문에, 배기량에 비해 출력이 나오지 않는다는 문제가 있다. 그래서 가솔린 자동차에 탑재된 예는 그다지 많지 않다. 그런데 연비가 좋지만 출력이 부족한 엔진에 최적인 것이 모터로 어시스트할 수 있는 하이브리드 자동차이기 때문에 프리우스에서는 1세대 모델부터 앳킨슨 사이클을 채용하여 연비의 향상에 큰 효과를 높이고 있다.

● 앳킨슨 사이클

영국의 제임스 앳킨슨이 1886년 제창한 열 사이클로써 압축 행정과 팽창 행정을 독립적으로 설정할 수 있는 기구를 가진 것이며, 압축비와 팽창비를 별개로 설정할 수 있는 시스템이기 때문에 팽창비를 높게 하여 공급된 열에너지를 보다 많은 운동에너지로 변환하여 열효율을 높일 수 있다.

5 토요타와 혼다의 하이브리드 자동차 비교

 혼다 방식은 엔진이 주, 모터는 보조

토요타의 프리우스에 이어서 혼다기연공업(혼다)은 1999년에 양산형 하이브리드 자동차인 INSIGHT를 생산하였다. 1세대 모델은 2인승 해치백 쿠페라는 특이한 사양이었던 탓일까, 판매가 여의치 않았지만 2009년에 5인승 5도어 해치백hatchback*이라는 패밀리카 스타일로 방향을 전환하여 단숨에 인기를 모으며, 신차 승용차 판매대수의 랭킹에서 상위권에 오르기도 했다.

인사이트 이후의 모든 혼다 하이브리드 자동차에 채용되는 것이 Honda IMA 시스템이다. IMAIntegrated Motor Assist의 약자로 **[통합적인 모터 어시스트]**인데 정말 이 시스템의 장점을 잘 나타낸 명칭이라고 말할 수 있다.

What is

● 해치백
차체 뒷부분에 상향식 도어가 달린 소형 2박스 차량. 소형차의 주류를 이루고 있다.

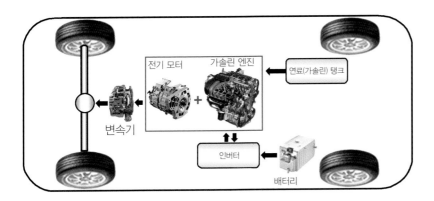

◀ Honda IMA 시스템 구성도

IMA 시스템은 분류상 패럴렐(병렬) 방식으로 엔진과 모터가 구동에 사용되지만 어디까지 주동력은 엔진이고, 필요에 따라서 모터가 어시스트하여 부족한 토크를 조달하는 것이다. 시스템의 구성은 가솔린 자동차에 전기자동차의 작은 유닛을 탑재한 모습이다. 그러므로 프리우스와 달리 모터의 구동력만으로는 출발을 할 수 없다.

 가볍고 간단한 하이브리드 자동차의 신세대를 열다

Honda IMA 시스템의 최대 장점은 '간단하다'는 것이다. 엔진과 모터를 1개의 축으로 직접 연결하여 일체화하고 있다. 인사이트는 4기통 엔진이지만 모터가 추가되어 5기통만큼의 폭으로 되어 있는 이미지일 것이다. 그러므로 유성 기어에 의한 동력 분할기구와 같은 복잡한 구조는 필요 없다.

주행 패턴을 보자. 출발할 때는 저속회전으로 토크가 부족한 엔진의 결점을 모터로 어시스트한다. 가속을 수반하지 않는 저속 주행에서는 모터만으로 구동되며, 고속 주행일 때는 엔진만으로 그리고 급가속에서는 엔진과 모터를 모두 사용한다. 모터를 [엔진의 보조]로서만 사용한다는 개념으로 소형화를 실현함과 동시에 사용하는 전력도 적어지므로 배터리(니켈수소 배터리)도 작은 것이면 된다.

프리우스와 인사이트를 최신 모델의 스펙을 비교해 보면 각 메이커의 설계 방식의 차이가 드러난다. 최대의 차이는 모터의 최고 출력으로 혼다는 토요타의 6분의 1밖에 안 된다. 그리고 최대 토크도 약 40%이다. 엔진과 모터의 성능 비율을 계산해보자.

◀ 프리우스 엔진과 모터

◀ 인사이트 엔진과 모터

◆ 프리우스와 인사이트의 엔진, 모터 성능 비교◆

구분	프리우스(토요타)	인사이트(혼다)
최고 출력[ps] (모터 / 엔진)	60 ÷ 73 = 0.82	10 ÷ 65 = 0.15
최고 토크[n • m] (모터 / 엔진)	207 ÷ 142 = 1.46	78 ÷ 121 = 0.64

토요타는 모터나 엔진의 최고 출력이 거의 같기 때문에 어느 쪽이라도 구동에 사용할 수 있고 주행 상태에 따라 파워 밸런스를 자유롭게 설정할 수가 있다. 그리고 회전축에 걸리는 힘인 토크(자전거에서 페달을 밟은 힘의 세기와 같은 것)는 모터가 엔진보다 크므로 출발뿐만 아니라 가속도 모터의 힘이 유효하다. 한편, 인사이트는 모터의 출력이 4기통 엔진의 1기통분 정도도 못되는 토크가 약 60% 조금 넘는 정도에 지나지 않는다. 그러므로 출발도 모터만으로는 할 수가 없다. 그리고 가장 중요한 연비는 차량 중량이 약 1.4배 무거운데도 프리우스가 더 좋은데, 이것은 최첨단 동력 분할기구에 의한 파워 밸런스 최적화의 효과일 것이다. 그러나 실제의 연비는 개개인의 운전습관에 의해 달라지므로 완전무결한 하이브리드 자동차를 목표로 하는 토요타일지, 아니면 기존의 가솔린 자동차의 느낌에 전기자동차의 특징을 더하여 저연비를 실현한 혼다일지는 사용자의 기호로 선택하면 될듯하다.

◆ 프리우스와 인사이트의 스펙비교 ◆

구분	프리우스(토요타) G시리즈	인사이트(혼다) G시리즈
엔진 배기량[cm³]	1,797	1,339
엔진 최고 출력 [kW(PS)/rpm]	73(99)/5,200	65(88)/5,800
엔진 최대 토크 [N⌐m(kgf⌐m)/rpm]	142(14.5)/4,000	121(12.3)/4,500
모터 최대 출력 [kW(PS)]	60(82)	10(14)
모터 최대 토크 [N⌐m(kgf⌐m)/rpm]	207(21.1)	78(8.0)
배터리 용량 [Ah(3시간 방전율)]	6.5	5.75
차량 중량[kg]	1,625	1,190
연료소비율 [km/ℓ (10-15모드 주행)]	38.0	30.0

◀ 프리우스

◀ 인사이트

6 하이브리드 자동차는
왜 연비가 좋을까?

 무거운 하이브리드 자동차가 에코 카(ECO CAR)가 되는 이유

● 회생 브레이크
회생 브레이크 시스템이란 감속 제동 시에 전기 모터를 발전기로 이용하여 자동차의 운동 에너지를 전기 에너지로 변환시켜 배터리로 회수(충전)하는 것을 말한다.

● 엔진 브레이크
이른바 제동운동으로서 브레이크는 아니지만, 엔진의 압축 압력을 이용하여 제동력을 얻는 것. 예를 들면, 비탈길을 내려갈 때 2단 기어를 선택하여 엔진이 타이어 쪽을 구동하는 상태로서 엔진에 의하여 생기는 제동력을 이용하고, 속도를 조종하는 것을 말함.

지금까지 하이브리드 자동차의 구조에 대하여 알아보았는데 그렇다면 이런 복잡한 시스템을 지닌 자동차가 어떻게 연비가 좋은 것일까? 배터리와 모터, 경우에 따라서는 발전기도 추가로 장착하는 하이브리드 자동차는 같은 배기량의 가솔린 자동차에 비하여 100~200kg은 더 무겁기 때문에 두 세 사람을 더 태우고 있는 상태이다. 상식적으로 생각하면 연비는 오히려 나빠야 할 것이다.

그럼에도 불구하고 연비가 좋은 이유는 몇 가지가 있다. 우선 가장 간단한 것부터 설명하면 회생 브레이크regeneration brake system*의 이용이다. 가솔린 엔진 자동차 등 엔진만 갖추고 있는 자동차에서는 속도를 줄일 때 엔진 브레이크engine brake*나 풋 브레이크를 사용한다.

엔진 브레이크는 주사기에서 실린더를 오르내릴 때에 느끼는 저항과 같은 펌핑 로스를 이용한 것으로 감속에 의해 전해지는 운동 에너지를 열로 변환한다. 그리고 풋 브레이크는 차축의 회전을 물리적인 저항에 의해 억제하려고 하기 때문에 운동에너지는 마찰열 에너지가 된다. 따라서 양쪽 모두 열로서 밖으로 버려지게 된다.

예를 들어 시속 40km에서 20km로 감속할 때, 자동차가 잃는 에너지를 전혀 손실 없이 축적하고 재이용할 수 있다면 에너지 보존의 법칙에 의하여 이론적으로는 다시 40km까지 가속할 수가 있다(마찰이나 공기 저항 등이 전혀 없다고 가정). 즉 기존의 브레이크는 이 귀중한 에너지 자원을 열로서 버리고 있는 것이다.

전기 모터와 발전기는 구조적으로는 같기 때문에 회생 브레이크는 엔진 브레이크 대신에 모터의 회전 저항력에 의하여 감속하는 것을 즉, 운동 에너지를 전기 에너지로 변환한다. 따라서 전기 에너지를 배터리에 충전하였다가 가속 등에서 재이용을 하는 것이다.

에너지를 어느 정도 회수할 것인지에 대한 목표는 시스템의 구성이나 운전 방법에 따라 상당히 달라지지만 하이브리드 자동차에서는 약 50%, 그리고 배터리보다 효율이 좋은 커패시터capacitor* 라는 축전장치를 사용하면 65% 정도 재이용을 할 수 있다. 시내 도로의 운전에서는 빈번하게 가·감속을 반복하기 때문에 회생 브레이크를 탑재하는 것만으로도 연비는 크게 향상된다.

회생 브레이크는 자동차 세계에서는 새로운 시스템이지만 철도에서는 상당히 이른 시기부터 실용화되었기 때문에 이미 개발된 기술을 활용함으로써 완성도가 높은 시스템이 되었다.

● 커패시터
배터리가 축전지(蓄電池)라면 커패시터는 축전기(condenser)라고 표현할 수 있으며, 전기 이중층 콘덴서를 말한다. 커패시터는 짧은 시간에 큰 전류를 축적, 방출할 수 있기 때문에 발진이나 가속을 매끄럽게 할 수 있다는 점이 장점이며, 시가지 주행에서 효율이 좋다. 그러나 고속 주행에서는 그 장점이 적어진다. 또한 내구성은 배터리보다 약하고 장기간 사용에는 문제가 남아있으며, 제작비는 배터리보다 유리하지만 축전 용량이 크지 않기 때문에 모터를 구동하려면 출력에 한계가 있다.

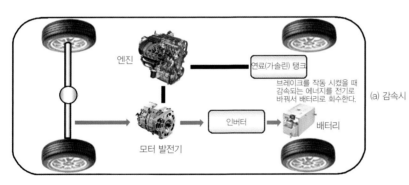

엔진 연료(가솔린) 탱크

브레이크를 작동 시켰을 때 감속되는 에너지를 전기로 바꿔서 배터리로 회수한다.

(a) 감속시

모터 발전기 인버터 배터리

▶ 회생 브레이크의 구조

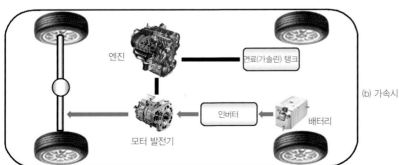

엔진 연료(가솔린) 탱크

(b) 가속시

모터 발전기 인버터 배터리

 엔진을 효율적으로 사용하는 것이 하이브리드이다.

엔진은 정속으로 회전시키는 것이 가장 효율적이다. 그리고 이상적인 회전수가 있다.

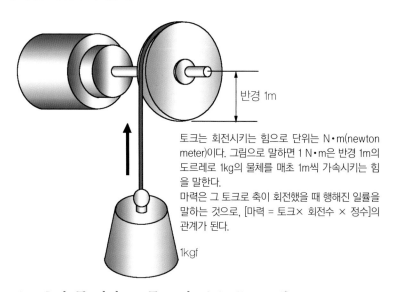

반경 1m

토크는 회전시키는 힘으로 단위는 N·m(newton meter)이다. 그림으로 말하면 1 N·m은 반경 1m의 도르레로 1kg의 물체를 매초 1m씩 가속시키는 힘을 말한다.
마력은 그 토크로 축이 회전했을 때 행해진 일률을 말하는 것으로, [마력 = 토크× 회전수 × 정수]의 관계가 된다.

1kgf

토크와 마력의 개념 ▶

스포츠카 등 카탈로그를 보면 엔진 성능 곡선*engine performance curves의 그래프가 표시되어 있는데 이것은 회전수에 의한 토크(축토크)와 마력(축 출력)을 나타낸 것으로 토크는 회전시키는 힘, 마력은 일률(작업량)이 된다. 여기에서 중요한 것은 토크 곡선이다. 기본적으로는 [토크÷회전수]의 값이 가장 클 때 효율이 좋아지므로 이 엔진에서는 3,000rpm을 조금 넘은 지점이 된다.

동력이 엔진뿐인 자동차에서는 출발부터 고속 주행까지 모두 하나로 해야 하기 때문에 효율이 좋은 회전 영역만을 사용할 수 없지만 모터를 병용하는 하이브리드 자동차에서는 엔진을 가급적 일정 회전수에서만 작동시키고 나머지 변동분을 모터로 커버할 수 있다. 그러므로 [엔진은 주, 모터는 보조]가 되더라도 충분하게 에너지 절약 성능을 발휘할 수 있게 된다.

최종적으로는 토털 밸런스(Total balance)가 연비를 결정한다.

그렇게 생각하면 연비가 가장 좋은 하이브리드 자동차는 시리즈 방식이 되어야 한다. 엔진은 발전기를 돌리기만 하므로 효율이 좋은 일정 회전수로 작동하면 되고 충전이 완료되면 정지한다. 그리고 구동은 모두 모터의 힘에 의존하는 것이다.

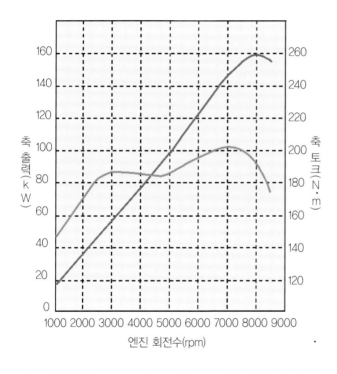

▶ 엔진 성능 곡선

그런데 현실에서는 토요타는 시리즈·패럴렐(직·병렬) 방식, 혼다는 패럴렐(병렬) 방식을 채용하여 시리즈(직렬) 방식의 하이브리드 자동차는 양산되지 않는다. 어떤 점에 문제가 있던 것일까? 시리즈 방식의 설명에서 시리즈 하이브리드 자동차는 발전기가 있는 전기자동차라고 했다.

엔진은 바퀴의 구동에 사용하지 않아 소형으로 충분하지만 연

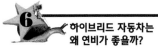
료 탱크는 대용량이므로 어느 정도의 중량이 있고 배터리도 패럴렐 방식에 비하면 용량을 크게 할 필요가 있다. 다시 말하면 전체적으로 둔하고 느린 자동차가 되기 쉬우며, 오히려 고연비를 실현하기 어려운 것이다.

토요타가 [엔진과 모터를 반반], 혼다가 [엔진은 주, 모터는 보조]라는 시스템으로 결정한 것도 여러 가지 방식을 검토한 후에 각각 최선이라고 생각한 까닭이다. 자동차의 중량과 연비는 항상 밀접한 관계에 있기 때문에 하이브리드 시스템에 의한 플러스분과 자동차 중량의 증가에 의한 마이너스분을 계산하여 최적화하여야 한다.

컨트롤 시스템으로 추구하는 연비

엔진과 모터의 중량 밸런스를 잘 맞췄다면, 다음은 이 두 개의 동력 장치를 잘 작동시켜 연비를 최소한으로 억제해 간다. 시리얼·패럴렐(직·병렬) 방식을 예로 들어서 나타내면 하이브리드 자동차 시스템 챠트의 그림과 같은 이미지가 된다. 통합 제어 시스

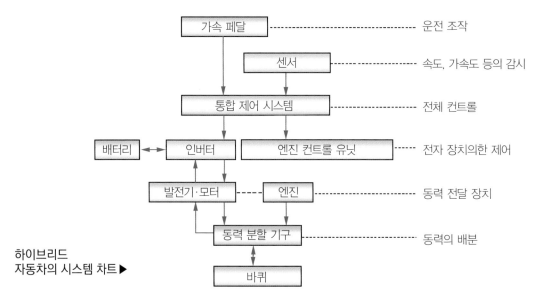

하이브리드
자동차의 시스템 챠트▶

템은 반드시 이런 이름으로 불리지 않을 수도 있다. 이것은 하이브리드 자동차의 두뇌에 해당하는 부분이고, 여기서는 임시로 ICSIntegrated Control System라고 하였다.

예를 들어 정지하고 있는 자동차에 운전자가 승차한 후 가속 페달을 밟는다고 가정하자. 그러면 ICS는 센서로부터의 정보를 받고, **속도 : 0 + 가속 페달 조작 : 있음 = 출발**이라고 판단한다. 이 경우엔 전용의 모터가 효율이 좋으므로 인버터에 명령을 내려 배터리로부터의 전력을 모터로 보낸다. 회전수는 가속 페달을 밟는 상태나 속도 센서의 상황으로부터 ICS가 판단한 후 인버터를 컨트롤한다.

이러는 사이 혹시 배터리의 충전 용량이 부족하면 ICS는 ECU에 명령을 보내 엔진을 시동하여 충전 동작을 시작한다. 그리고 차속이 어느 정도에 도달하면 엔진으로도 효율이 높은 운전이 가능하므로 서서히 엔진으로 구동력을 늘려간다. 그러나 도중에 운전자가 급가속을 원하여 가속 페달을 강하게 밟으면 엔진의 회전수는 반응이 느려 그다지 변하지 않으므로 모터로부터 구동력을 더하여 스피드 업을 시행한다.

반대로 운전자가 가속 페달에서 발을 떼며 감속하려고 하면, ICS는 **[충전할 기회]**라고 판단하고 바퀴로부터의 동력을 발전기(모터가 겸하는 경우도 있다)로 보내어 회생 브레이크를 작동시킨다.

말로는 간단하지만, 다양한 운전 상황에 맞추어 최적으로 컨트롤하기 위해서는 방대한 드라이빙 데이터를 모으고 해석하여 하이브리드 자동차의 제품화에 필요한 소프트웨어가 만들어진다.

게다가 하드웨어(기기류)의 개발에도 많은 연구와 시간이 필요하기 때문에 많은 메이커가 본격적인 양산을 단념한 것이다.

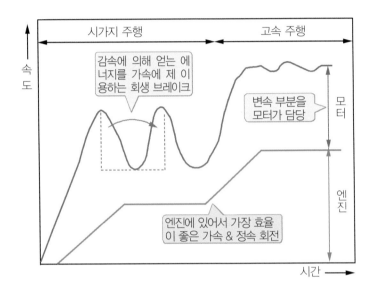

하이브리드 주행의
이미지 그래프 ▶

7 하이브리드 자동차의 기타 메이커

스즈키가 개발한 경자동차 타입의 하이브리드

하이브리드 자동차 업계에서 단연 톱인 토요타와 개성적인 전략으로 뒤를 쫓는 혼다. 두 회사의 이미지가 너무 강해서 다른 메이커는 전혀 손을 대지 않는 듯 생각하기 쉽지만 그건 아니다. 생산 대수는 적지만 "양산"을 단행한 곳도 있고 그 중에서 주목해야 할 기술도 탑재하고 있으므로 소개한다.

주목할 만한 시도로는 스즈키가 생산한 [트윈 하이브리드]가 있다. 시판되는 경자동차로서는 첫 하이브리드 자동차였고 [2인승 2도어 세단으로 2개의 동력을 갖췄다]는 스펙에서 트윈이라는 자동차 이름이 탄생하였다고 한다. 하지만 하이브리드 자동차만으로는 시장이 너무 작다고 보았던 것인지 가솔린 엔진 자동차 트윈도 병행해서 생산하였던 탓에 임팩트가 약해지고 말았다.

◀ 스즈키 트윈
하이브리드 자동차

성능은 결코 나쁘지 않았으며, 가솔린 자동차 타입의 연비가 리터당 26km(10-15모드) 이었던 것에 대해 하이브리드 버전은 34km로 상당히 우수하였다. 그런데 가격은 가솔린 타입보다 하이브리드 자동차 3배 가까이 비쌌기 때문에 경자동차를 원하는 사용자들에게는 그다지 어필할 수 없어 2년 정도 뒤에 생산이 중단되고 말았다.

[(가솔린 자동차+전기자동차) ÷2]인 하이브리드 자동차는 원래 여유 공간이 없으며, 완성도가 높은 프리우스 조차 [배터리의 모양에 맞추어 보디를 디자인하였다]고 말할 정도였다. 따라서 설계의 형편상 보디는 클수록 좋다지만 그럼에도 불구하고 자신들이 가장 잘 하는 분야인 경자동차의 하이브리드화에 도전한 스즈키는 대단하다고 생각한다. 하지만 이 자동차의 트렁크 스페이스는 거의 대부분 배터리가 차지하여 시판되는 자동차로서는 아직 해결해야할 문제가 많았던 것 같다.

트럭은 스페이스에 여유가 있어 하이브리드화가 쉽다

이와 같은 점에서, 반대로 스페이스에 여유가 있는 화물자동차 등은 하이브리드화하기 쉽다는 것을 알 수 있다. 승용자동차가 아니기 때문에 일반인들에게는 그다지 알려져 있지 않지만, 히노 자동차나 이스즈 자동차에서는 이미 이와 같은 제품을 시판하고 있다.

히노에서는 2~3톤급의 [듀트로Dutro]에 하이브리드 사양이 준비되어 있다. 디젤 엔진 타입과 같은 크기의 4,000cc 엔진을 탑재하고 있지만 앳킨슨 사이클의 채용과 클러치로 접속한 모터로부터의 파워 어시스트, 회생 브레이크의 사용 등에 의하여 에너지 절약화를 도모하였고, 연비는 1리터당 12.2,km이다. 다양한 용도의 트럭은 엔진 자동차와 일괄적으로 비교하기 어렵겠지만 같은 타입의 차종 중에서는 일본 내에서는 최고 수준이라고 한다.

이스즈의 중형 트럭(1.5~5톤) [엘프ELF] 하이브리드 자동차는 독자적인 PTO형 패럴렐 구동방식을 채용하고 있는 것이 특징이다. 이것은 엔진의 회전축과는 별도로 모터 겸 발전기용의 축을 배치한 것이라서 만일 이상이 발생했을 때 분리할 수가 있다. 승용자동차와 다르게 구동계통에 큰 부하가 걸리기 쉬운 트럭에서는 아직 판매 실적이 낮은 하이브리드 시스템에 대한 불안감도 있는 만큼 일반의 디젤 트럭으로서도 주행이 가능하도록 하고 있는 것이다. 사업용 자동차를 계속해서 만들어온 메이커다운 배려일 것이다.

◀ 히노 듀트로 와이드캡 HV

◀ 이스즈 엘프 HV

 하이브리드 자동차의 시장은 일본뿐인가?

그 밖의 메이커 동향도 간단하게 소개한다. 카를로스 곤 CEO 의 낮은 관심으로 하이브리드 자동차 양산화에는 늦게 편입한 닛산 자동차이지만 수면 아래에서는 연구와 개발을 계속해 오다가 2000년 4월에는 티노Tino 하이브리드를 한정 생산하였고, 2007년 8월에는 알티마 하이브리드를 미국 시장에 투입하였다.

그러나 알티마는 토요타 자동차와의 기술 협력에 의한 것으로 사내 기술자들에게는 자존심의 문제도 있었을 것이다. 그리고 2010년 11월, 독자적인 시스템에 의한 [푸가 하이브리드]의 생산을 단행하였다. 성능적인 평가가 상당히 높은데 비해 큰 화제가 되지 못한 점은 안타까운 바이다.

한편, 한국에서는 현대자동차 및 기아자동차가 상당히 열심이며, 소나타, 그랜저, 아이오닉, K5, K7 하이브리드를 양산하여 전 세계 시장을 향해 생산을 시작하였다.

그러나 현재 하이브리드 자동차가 비즈니스가 될 정도로 판매되고 있는 것은 일본뿐이다. 미국에서는 프리우스가 [환경에 좋은 자동차]로서 유명하기 때문에 유명 연예인 등이 많이 타고 있지만 시내에서 눈에 많이 띄는 정도는 아니다. 그리고 유럽에서는 에코카로서는 저연비 디젤 자동차가 인기가 높아 하이브리드 자동차의 시장은 아직 크지 않은 것 같다.

원래 하이브리드 자동차는 [전기자동차로 이행할 때까지의 과도기]라고 생각하는 면이 있어서 많은 메이커가 개발에는 주저하고 있다. 그런데 토요타와 혼다가 생산한 후 예상외로 사용자들에게서 반응이 좋아졌기 때문에 현재는 여러 메이커들이 모두 상황을 지켜보고 있는 중이다. 다음에 소개하는 플러그인 하이브리드 자동에서 다시 한 번 붐이 이어질지 아니면 전기자동차의 상품화에만 전념하게 될지, 어느 메이커나 고도의 경영 판단이 요구되고 있다.

◀ K7 하이브리드

◀ K5하이브리드

◀ 쏘나타 하이브리드

8 전기자동차에 근접한 플러그인
하이브리드 자동차

🔌 충전해서 전기만으로 달릴 수 있는 PHEV

하이브리드 자동차의 진화형으로 최근에 주목을 받고 있는 것이 플러그인 하이브리드 자동차이다. 영어로는 PHV Plug-in Hybrid Vehicle 또는 PHEV Plug-in Hybrid Electric Vehicle라고 부른다. 간단히 말하면 콘센트로부터 충전이 가능한 하이브리드 자동차이고, 이용 형태의 측면에서도 전기자동차에 더 가깝다.

가솔린 주행과 전기 주행(EV 주행) 중에 확실히 후자가 효율이 좋아진다. 따라서 충전설비가 있는 곳에서는 전기자동차로서 사용하고 거리가 먼 운전에서는 엔진도 병용한다는 개념이다. 그냥 생각해보면 시스템이 너무 복잡하게 되어 경원시 될 듯하지만, 프리우스의 성공이 뒷받침이 되어 일본과 국내 및 미국의 메이커에서 개발이 진행되고 있다.

▲ 프리우스 플러그인 하이브리드

아이오닉 플러그인 하이브리드▶

개발 과제는 배터리의 대용량화

하이브리드로부터 플러그인 하이브리드로의 진화는 단순히 충전용의 플러그만 추가하면 되는 것이 아니다. 현재의 하이브리드 자동차는 모터만으로 주행하면 2~5km 정도에서 멈춰버린다. 이래서는 충전하는 의미가 없다. 최저라도 20km, 가능하다면 100km 정도까지 주행거리를 늘리지 않으면 실용적이라고 말할 수 없다.

그런데 엔진의 힘에 의존하지 않고 완전 EV 주행을 하기 위해서는 기존의 하이브리드 자동차보다 모터를 강력한 것으로 장착하여야 한다. 비교적 큰 모터를 적재하는 프리우스도 모터만으로 가속할 수 있는 것은 시속 40km 정도까지 이기 때문에 아직 토크가 부족하다.

모터가 커지면 당연히 사용하는 전력량이 늘어나고 배터리는 그것에 대응하여 더한층 대용량화를 목표로 해야 한다. 그렇게 되면 더 이상 니켈수소 배터리로는 부족하고, 리튬이온 배터리 정도밖에 선택지가 없어진다.

미국 일본뿐만 아니라 중국도 개발에 참여하는 기대되는 제품

2008년 12월, 중국의 비야디比亞迪·BYD Auto 자동차가 세계 최초의 양산형 플러그인 하이브리드 자동차 [BYD F3DM]의 중국 판매를 시작하였다. 이 자동차는 약 100km의 EV 주행이 가능하다. 충격적인 스펙이 화제가 되었지만 거래처는 정부기관에 한정되어 있었고 연간 판매대수도 고작 100대 정도였다고 한다. 그래서 정말로 그 정도의 성능이 발휘될 수 있었던 것인지 의심하는 목소리도 나오고 있다.

일반인들이 실제로 탈 수 있는 플러그인 하이브리드 자동차 제너럴 모터스가 2010년에 출시한 쉐보레 볼트가 있다. 볼트는 직렬series 방식으로 엔진은 발전에만 사용하고 프리우스(73kW)보다 강력한 최대 출력 111kW의 모터로 시속 70km까지 가속한다. 그리고 그때부터는 발전기를 겸한 55kW의 모터도 구동에 사용하여 시속 100km 이상의 고속 주행이 가능하다. 덧붙여 말하면 EV의 주행거리는 약 64km이다. 신제품을 좋아하는 사람에게 있어서는 매력적인 모델일지도 모르겠다.

현재, 플러그인 하이브리드 자동차의 개발에 상당히 힘을 쏟고 있는 업체는 토요타이며, 2009년 12월부터 프리우스 플러그인 하이브리드의 리스를 시작하였고, 2011년에는 하코네역의 운영 관리 자동차로서 제공되었다. 그 후에도 모델 체인지가 진행되면서, 최고속도 100km, 23.4km의 EV 주행이 가능한 수준이 되면서 일반용의 생산도 시작되었다고 한다.

쉐보레 볼트
하이브리드 ▶

연료 전지 자동차는 어떻게 되었나?

연료를 사용하여 발전하고 그 전기로 모터를 돌려 달리는 자동차로는 연료 전지 자동차(Fuel cell vehicle)가 하나 더 있다. 연료 전지 자체에 [미래의 에너지 플랜트]라는 이미지가 있었던 탓일까. 1970년대~1990년경까지는 자동차 분야와 이용이 기대되고 있었는데, 컨셉트 자동차는 등장하였지만 연료 전지 자동차가 양산되고 시판된 것은 없다. 큰 이유는 2가지 있다.

첫 번째는 가격인데 귀금속인 백금을 촉매로서 대량으로 사용하는 저온 반응형 연료 전지는 아무래도 고가라서 패밀리카 타입이라도 페라리보다 비싸다고 말할 정도였다. 고온 반응형이라면 촉매에 의존하지 않아도 되지만 크기가 자동차 높이 정도가 되어 자동차용의 에너지 플랜트로서는 무리가 있다.

두 번째는 연료 전지의 크기이다. 그림은 연료 전지의 구조를 가장 간단하게 나타낸 것인데 전극 표면의 화학 반응에 의해 전기를 만들어내기 때문에 [전극의 면적이 클수록 발생하는 전력은 커진다]라는 것을 상상할 수 있다. 더욱이 수소 이온이 좋은 효율로 작동하기 위한 스페이스도 필요하고, 소형화에는 한계가 있을 것 같다.

물론 연구 개발을 더 한층 진행시켜 [노력하면] 소형 경량화에 성공할지도 모르지만 연료 전지와 같은 작용을 하는 엔진 + 발전기 형태는 [노력하지 않더라도] 간단하게 양산화할 수 있다. 더구나 이것들은 쇠약한 기술로서 상당히 무리한 설계에도 견딜 수 있어야만 한다.

그리고 연료 문제도 있다. 연료 전지의 연료로서 이상적인 것은 수소이지만 수소가스는 보관이 어려우므로 천연가스나 메탄올, 석유 등으로부터 수소를 발생시키는 장치를 가솔린 스탠드와 같이 각 장소에 배치하여야 한다. 같은 작용을 하는 개질기(Reformer)를 자동차 속에 탑재하는 방법도 있지만 그만큼 에너지 플랜트는 커지고 무거워진다.

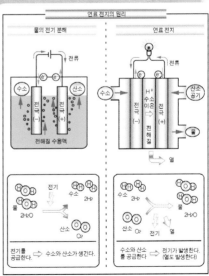

결국 연료 전지 자동차는 하이브리드 자동에도 전기자동차에게도 좀처럼 이길 수 없는 상황인 것이다. 그러나 현재는 많은 연구 끝에 스페이스나 크기 및 중량도 보완되어 대체 에너지로서 각광을 받을 전망이다.

참고 문헌 및 인용

- 삼영서방 편집부, 『모터팬 한국어판 친환경 자동차』, (주)골든벨, 2011
- 삼영서방 편집부, 『모터팬 한국어판 F1머신 하이테크의 비밀』, (주)골든벨, 2012
- 삼영서방 편집부, 『모터팬 한국어판 하이브리드의 진화』, (주)골든벨, 2012
- 삼영서방 편집부, 『모터팬 한국어판 트랜스미션 오늘과 내일』, (주)골든벨, 2012
- 삼영서방 편집부, 『모터팬 한국어판 가솔린 디젤 엔진의 기술과 전략』, (주)골든벨, 2013
- 삼영서방 편집부, 『모터팬 한국어판 조향 · 제동 · 속업소버』, (주)골든벨, 2013
- 삼영서방 편집부, 『모터팬 한국어판 전기자동차 기초 & 하이브리드 재정의』, (주)골든벨, 2013
- 삼영서방 편집부, 『모터팬 한국어판 디젤엔진 테크놀로지』, (주)골든벨, 2015
- https://www.hyundai.com/kr
- http://www.kia.com/kr/main.html
- https://www.renaultsamsungm.com/2017/main/main.jsp
- http://www.gm-korea.co.kr/gmkorea
- https://www.toyota.co.jp/service/presssite/dc/welcome
- http://media.ford.com/
- http://www.mitsubishi-motors.com/en/
- http://www.mitsubishi-motors.co.jp/
- https://pixabay.com/ko/photos/?q=%EC%9E%90%EB%8F%99%EC%B0%A8&hp=&image_type=pho · to&order=popular&cat=&min_width=&min_height
- https://www.hyundai.com/kr/ko/company-intro/pr-department/news-focus/news
- hhttp://www.toyota.co.jp/Museum/index-j.html
- http://www.suzuki.co.jp/
- https://www.chademo.com/jp
- http://www.hino.co.jp/j/index.html
- http://toyota.jp/
- https://www.toyota.co.jp/
- http://www.nissan-newsroom.com/EN/
- http://www.nissan.co.jp/
- http://www.isuzu.co.jp/index.html
- http://www.honda.co.jp/
- http://www.mazda.co.jp/
- https://www.subaru.co.jp/
- http://www.daihatsu.co.jp/
- http://www.hino.co.jp/j/index.html
- http://www.mitsubishi-fuso.com/
- http://media.gm.com/
- http://www.tesla.com/
- http://www.teslamotors.com
- http://www.press.bmwgroup.com
- https://www.audi-mediacenter.com/de/
- https://www.mercedes-benz.com/
- http://chinaautoweb.com/blog1/wp-content/gallery/byd-e6/
- https://news.yamaha-motor.co.jp/2010/001705.html

가상 엔진 사운드 시스템 ················ 34, 78, 84
가솔린 엔진 ·································· 174
고속도로 주행 보조 ···························· 74
고정자 ······································ 40
급제동 경보 시스템 ·························· 148

내구 시험 ·································· 70
내연 기관 ·································· 174
노킹 ······································ 185

단상 교류 ·································· 45
디젤 엔진) ·································· 175

매연 ······································ 10
메모리 효과 ·································· 20

발전기 ······································ 26
방향키 ······································ 159
베벨 기어 ·································· 12
변속기 ······································ 16
브러시 ······································ 41
브러시리스 모터 ···························· 43

삼상 교류 ·································· 45
쇄빙선 ······································ 179
수소흡장합금 ·································· 19
승강타 ······································ 159

액추에이터 ·································· 45
앳킨슨 사이클 ·································· 186
엔진 브레이크 ·································· 192
엔진 성능 곡선 ·································· 194
연비 ······································ 13
열화란 ······································ 8

오토 사이클 ·································· 184
옴의 법칙 ·································· 62
운전자 상태 경고 시스템 ···················· 77
운전자 주의 경고 ···························· 73
원격 스마트 주차 보조 ························ 76
유황산화물 ·································· 27
인버터 ······································ 30
인휠 모터 ·································· 103

자계 ······································ 43
자기 착화 ·································· 184
자율 주차 ·································· 165
자율 주행 자동차 ···························· 166
전동 파워 스티어링 시스템 ················ 158
전력 ······································ 26
전방 충돌방지 보조 장치 ···················· 72
전자석 ······································ 40
정류자 ······································ 40
주파수 ······································ 30
질소산화물 ·································· 27

차로 유지 보조 ················· 73

차선 유지 보조 장치 ············ 72

첨단 운전자 보조 시스템 ······· 75

초퍼 제어 ······················ 63

커패시터 ························ 62

컨버터 ·························· 61

퀴리 온도 ······················ 50

크로스오버 유틸리티 비클 ····· 69

텔레매틱스 ····················· 82

파워 스티어링 ················· 157

팬터그래프 ····················· 152

플러그인 하이브리드 전기자동차 ······· 70

플레밍의 왼손 법칙 ············· 48

하이브리드 자동차 ············· 44

회생 브레이크 시스템 ·········· 177

회전자 ·························· 40

ABS(anti lock brake system) ·············· 64

AGV(automated guided vehicle) ··········· 164

SUV(Sports Utility Vehicle) ················ 69

내車달인교과서
전기자동차편

초 판 발 행 | 2019년 1월 25일
초판 5쇄발행 | 2025년 1월 10일

감 수 | (사)한국자동차기술인협회
추 천 | 김필수
글 | 탈것 R&D 발전소
발 행 인 | 김길현
발 행 처 | (주) 골든벨
등 록 | 제 1987 - 000018호 ⓒ 2019 GoldenBell Corp.
I S B N | 979 - 11 - 5806 - 365 - 8
979 - 11 - 5806 - 364 - 1(세트)
가 격 | 17,000원

이 책을 만든 사람들

편 집 | 이상호 · 최영원
교 정 | 안명철
웹매니지먼트 | 안재명 · 양대모 · 김경희
공급관리 | 오민석 · 정복순 · 김봉식

표지 · 본문디자인 | 조경미 · 박은경 · 권정숙
제작진행 | 최병석
오프 마케팅 | 우병춘 · 이대권 · 이강연
회계관리 | 김경아

(우)04316 서울특별시 용산구 원효로 245(원효로 1가 53-1) 골든벨 빌딩 5~6F
• TEL : 도서 주문 및 발송 02-713-4135 / 회계 경리 02-713-4137
편집 및 디자인 02-713-7452 / 해외 오퍼 및 광고 02-713-7453
• FAX : 02-718-5510 • http : //www.gbbook.co.kr • E-mail : 7134135@naver.com